카페, 베이커리, 레스토랑, 호텔 브런치 & 샌드위치 만들기

식빵 샌드위치, 바게트 샌드위치 햄버거, 프렌치 토스트, 오픈 샌드위치

Brunch cafe & Sandwich

브런치카페 & 샌드위치

신길만 · 김미자 · 김규태
신 솔 · 이지은 · 신 욱

백산출판사

머리말

　브런치와 샌드위치는 여러 가지의 빵에 식재료를 필링하여 만들며 카페, 베이커리에서 인기가 있는 제품이다. 브런치 샌드위치의 메뉴는 카페, 베이커리에 없어서는 안 되는 중요한 것으로 만드는 법, 판매하는 법, 진열하는 법, 포장ㆍ보관하는 법 등을 공부해야 한다.

　본 서적은 브런치, 기본 샌드위치, 오픈샌드 위치, 프렌치 토스트 등 여러 가지 빵을 사용하는 메뉴와 샌드위치를 소개하였다.

　브런치 전문점, 샌드위치 전문점, 카페, 베이커리, 호텔 업종 등에서 만들어 판매할 수 있도록 다양한 인기 메뉴를 중심으로 기초 이론부터 만드는 방법까지 소개하였다.

　브런치 샌드위치의 소재가 되는 식빵, 롤빵, 바게트, 핫도그빵, 햄버거빵 등 필링물, 내용물, 맛을 내는 방법, 재료의 조화 등과 만드는 아이디어 등 여러 가지의 제품이 가능하도록 한 브런치와 샌드위치, 빵 샌드위치 메뉴를 중심으로 기술하였다.

　인기 점포의 식빵 샌드위치, 바게트의 샌드위치, 카페 샌드위치, 호텔 샌드위치 등에서 사용하고 있는 빵, 재료, 상품의 특성 등 여러 가지를 소개하고자 한다.

　또한 브런치와 샌드위치의 맛을 내는 방법과 다양한 종류를 정리하고자 하였다.

　본서는 제1장 브런치란 무엇입니까? 제2장 브런치란 무엇입니까? 제3장 브런치ㆍ샌드위치 빵 만들기, 제4장 브런치 만들기, 제5장 샌드위치 만들기, 제6장 샌드위치 만들기, 제7장 기본 샌드위치에 이르기까지 독자가 체계적으로 이해하도록 정리하였다.

　본 서적의 출판에 지도편달해 주신 김포대학교 전홍건 이사장님, 박진영 총장님, 여러 교수님과 교직원 여러분께 진심으로 감사드립니다.

　끝으로, 본 서적의 출판에 도움을 주신 백산출판사 진욱상 대표님과 상무님, 부장님, 직원 여러분께 감사를 드립니다.

2023년 1월
저자

차 례

CHAPTER 1

브런치란 무엇입니까?

1 브런치란 무엇입니까?

1. 브런치의 정의

브런치(brunch)의 정의는 아침과 점심을 겸비한 식사를 말한다. 영어의 breakfast (아침 식사)와 lunch(점심 식사)의 합성어이다. 아침 식사와 점심 식사 중간 시간대인 늦은 오전에서 1시 이전에 제공되는 식사, 아점(아침 겸 점심)을 대체하는 식사이다.

2. 브런치의 어원

브런치의 어원은 두 가지의 설이 있다.

첫 번째 브런치의 어원은 1,896년경 영국의 헌터스 위클리라는 주간지에 실렸고, 다시 펀치 잡지에 소개되어 미국과 캐나다로 퍼져나갔다.

두 번째는 신문 뉴욕 · 모닝 · 선의 리포터 프랭크 · 워드 · 오말리가 전형적인 낮 식사 습관에 대해 브런치라고 이름 붙였다고 한다.

3. 브런치의 역사

브런치는 미국에서 식사 형태로 출발하였으며 우리나라는 2005년에 브런치 카페가 곳곳에 생기면서 브런치가 유행하기 시작하였다.

4. 브런치의 메뉴

브런치의 메뉴는 샌드위치, 샐러드, 팬케이크, 오믈렛 등 가벼운 음식에서 식사 대용으로 먹을 수 있는 요리까지 다양하다.

5. 브런치의 종류

브런치의 종류는 샌드위치, 샐러드 등의 간단한 음식과 파니니, 빵 등 종류가 아주 다양하다. 브런치를 간단한 식사 거리로 생각했던 의미와는 다르게 특별식 메뉴이다.

각국의 특별한 브런치 요리는 이탈리아의 파니니, 스페인의 토르티야, 벨기에의 와플, 네델란드의 팬케이크, 중국의 딤섬이 유명하다.

1) 이탈리아 브런치

이탈리아 브런치는 파니니라고 불리는 샌드위치가 유명하다. 이탈리아 노동자들이 일하던 중간에 먹던 것에 유래하여 워크 푸드(work food)라 불리며 빵 사이에 고기, 치즈, 살라미, 샐러드 등의 재료를 넣어 먹는 샌드위치의 일종이다.

2) 스페인 브런치

스페인 브런치는 토르티야라는 오믈렛이 유명하다. 이것은 감자와 양파가 들어가며 바삭하게 구워서 만든 것이다.

오믈렛의 유래는 옛날 스페인 왕이 수행원을 데리고 시골길을 산책하던 중 배가 고파서 식사를 시켰는데 수행원은 근처 누추한 곳에 가서 식사를 시켰고 아무것이

라도 좋으니 빨리 만들어달라 하였다. 요리사는 달걀을 풀어 팬에 넣고 익힌 후 접시에 담아 왕에게 바쳤다. 왕은 그 남자의 동작을 보고 "정말 재빠른 남자(quel homme leste)"라고 말하여 오믈렛이라는 단어가 생겨났다.

3) 벨기에 브런치

벨기에 브런치는 와플이 유명하다. 와플 반죽은 밀가루, 달걀, 버터, 우유, 이스트 등을 섞어서 만든다.

4) 네덜란드 브런치

네덜란드 브런치는 팬케이크가 유명하다. 팬케이크의 반죽은 설탕, 소금, 바닐라, 계피를 섞은 분말에다가 달걀과 우유를 넣어 만든다. 반죽을 팬에 부친 다음 시럽을 뿌리거나 햄, 치즈, 베이컨을 얹어서 오븐에 살짝 구워 먹는다.

5) 중국 브런치

중국 브런치는 딤섬이 유명하며, 전 세계 중국요리점에서 제공하는 인기 있는 브런치이다. 딤섬은 오전, 정오, 오후의 차 시간 등에 먹는다.

6. 브런치의 내용물

브런치의 내용물은 달걀, 햄, 소시지, 베이컨, 고기구이, 채소, 과일, 감자튀김, 샌드위치, 페이스트리, 핫케이크, 함박스테이크, 새우, 해산물, 샐러드, 수프, 다양한 빵 등이 사용된다.

7. 브런치의 용도

브런치의 용도는 식당, 결혼 피로연, 밸런타인데이, 어버이의 날, 주중에 어느 요일이든 제공된다. 레스토랑은 일요일의 대중적인 식사로 제공되고 있다.

한국은 휴일 등 점심 식사를 겸한 아침 식사를 브런치라고 부르는 경우가 많다.

CHAPTER 2

샌드위치는 무엇입니까?

2 샌드위치는 무엇입니까?

1 샌드위치(Sandwich)는 무엇입니까?

1. 샌드위치의 정의는 무엇입니까?

샌드위치의 정의는 얇게 자른 2개의 빵 슬라이스 사이에 마요네즈, 버터, 소스 등을 바르고 채소, 달걀, 고기, 치즈, 햄 등을 끼워 넣거나, 1개의 슬라이스 빵에 음식 내용물을 올린 음식이다.

2. 샌드위치의 유래는 무엇입니까?

샌드위치의 유래는 영국의 샌드위치 백작이 밤을 새워 노름할 때 식사 시간이 아까워 고안해 낸 것이다.

3. 샌드위치의 종류는 무엇이 있습니까?

샌드위치의 종류는 사용되는 재료, 모양, 내용물에 따라 다양하다. 샌드위치는 형태상으로 크로스 샌드위치와 오픈 샌드위치 2가지로 구별한다. 크로스 샌드위치는 2쪽의 빵 사이에 속을 끼우는 것으로 빵의 가장자리를 그냥 두거나 잘라낸다. 오픈 샌드위치는 한 쪽의 빵 위에 채소, 육류를 조화롭게 올려놓은 것으로 이것을 카나페(canapé)라 한다.

1) 크로스 샌드위치

크로스 샌드위치(크로스 샌드)는 2장의 빵에 속 재료를 끼운 것으로, "샌드위치"라고 듣고 상상하는 일반적인 샌드위치이다. 크로스 샌드위치의 종류는 더블 데커 · 샌드위치, 트리플 데커 샌드위치의 2가지가 있다. 그중 토스트한 빵을 사용하면 클럽 샌드위치(클럽 하우스 샌드위치)라 부른다.

(1) 더블 데커 · 샌드위치

더블 데커 · 샌드위치는 크로스 샌드를 기본으로 3장의 빵에 속 재료를 사이에 두고, 2개의 층으로 만든 것이다.

(2) 트리플 데커 샌드위치

트리플 데커 샌드위치는 슬라이스한 빵 4장에 속 재료를 사이에 두고 3개의 층으로 만든 것이다.

(3) 클럽 샌드위치(클럽 하우스 샌드위치)

클럽 샌드위치는 샌드위치 중 토스트한 빵을 사용한 것이다.

(4) 오픈 샌드위치(오픈 샌드)

오픈 샌드위치는 샌드위치 중 빵 위에 속 재료를 얹은 것이다.

(5) 핫 샌드위치

핫 샌드위치는 따뜻한 샌드위치로 오븐, 프라이팬 등으로 구운 것도 있다.

② 브런치 · 샌드위치를 만드는 기본 재료는 무엇이 있습니까?

브런치 · 샌드위치를 만드는 기본 재료는 빵, 채소, 달걀, 햄, 치즈, 소스가 있다.

1. 브런치 · 샌드위치(Sandwich) 빵은 무엇이 있습니까?

빵은 외국에서 독자적인 진화와 발전한 주식이다. 빵은 강력분, 이스트, 물, 소금을 주
원료로 하여 반죽하고 발효한 뒤 구운 것이다.

샌드위치에 사용하는 빵의 종류는 여러 가지 식빵, 풀먼 식빵, 호밀빵, 통밀빵, 바게트,
베이글, 모카빵, 크로와상, 모닝빵, 햄버거빵, 롤빵, 토르티야, 난 등이 있다.

1) 브런치 · 샌드위치에 사용하는 식빵이란 무엇입니까?

(1) 식빵의 정의는 무엇입니까?

식빵의 정의는 식사 때에 먹는 빵으로 식빵, 프랑스 빵, 머핀, 난, 토르티야 등이 있다.

식빵이란 반죽을 발효하여 큰 사각의 틀에 넣어 구운 빵이다. 얇게 썰어서 토스트로
먹거나 샌드위치에 사용된다.

(2) 식빵의 종류는 무엇이 있습니까?

식빵은 형태, 재료 배합에 따라 분류되어 형태에 따라서는 둥근 식빵과 사각 식빵 2가
지가 있다. 재료 배합에 따라서는 일반 식빵과 고급 식빵의 2가지로 나눌 수 있으며, 특
수 식빵, 천연효모 식빵이 있다.

① 일반 식빵
② 고급 식빵
③ 데니시 식빵

④ 바레이티 식빵(건포도, 호두 식빵)

⑤ 특수 식빵(현미, 맥아, 쌀가루 혼입 식빵)

⑥ 천연발효 식빵(천연발효 사용)

2) 일반 식빵과 고급 식빵

일반 식빵과 고급 배합 식빵은 재료의 배합에 따라 나눈다.

(1) 일반 식빵

일반 식빵은 강력분, 이스트, 물, 소금을 주원료로 하여 반죽하고 발효한 뒤 구운 것이다. 간단한 재료로 밀 본연의 담백한 맛이 특징이다. 단맛은 별로 없고 식감은 딱딱하지만, 질리지 않는 특징이 있으며 마요네즈, 치즈 등 농후한 재료와 궁합이 잘 맞는다. 프랑스의 바게트 등 딱딱한 빵이 있다.

(2) 고급 식빵

고급 식빵은 기본 재료에 설탕과 버터, 우유, 달걀, 꿀, 과일, 생크림 등 첨가하여 반죽을 만드는 부드러운 빵이다. 재료에 더욱 풍미가 더해져서 고급적인 맛은 내며, 그대로 먹어도 부드러움과 촉촉함과 풍성한 맛이 다르다. 버터 식빵, 생크림 식빵, 데니시 식빵, 호밀, 과일, 견과 식빵 등이 있다.

① 버터 식빵

버터 식빵은 버터를 반죽에 첨가하여 진한 맛을 낸다.

② 생크림 식빵

생크림 식빵은 생크림을 반죽에 첨가하여 생크림 맛을 내는 부드러움을 낸다.

③ 데니시 식빵

데니시 식빵은 버터(마가린)를 넣어 반죽에 여러 층이 생기며 촉촉한 식감과 진한 맛이 있으나 가격이 비싸다.

④ 특수 식빵

　　특수 식빵에서 잡곡, 과일, 견과 식빵은 반죽에 잡곡과 견과류, 말린 과일 등을 반죽해 구운 빵이다. 호밀, 현미, 찹쌀, 건포도, 호두, 녹차, 초콜릿 등을 넣어 만든 식빵이 있다. 강력분 이외의 곡분인 쌀가루, 현미, 배아 첨가, 호밀 식빵이 있다. 배아 첨가 빵은 비타민, 미네랄 등을 많이 포함하므로, 건강 지향으로 인기가 있다. 맛, 풍미, 식감 등이 보통의 식빵과는 다르며, 개성 있는 맛을 낸다.

- **쌀가루 식빵**: 밀가루에 쌀가루를 첨가한 식빵이다.
- **현미 식빵**: 밀가루에 현미를 첨가한 식빵이다.
- **배아 식빵**: 밀가루에 배아를 첨가한 식빵이다.
- **호밀 식빵**: 호밀 가루를 첨가한 식빵이다.
- **건포도 식빵**: 건포도를 첨가한 식빵이다.
- **호두 식빵**: 호두를 첨가한 식빵이다.
- **과일 식빵**: 과일을 첨가한 식빵이다.

(3) 천연발효의 식빵은 무엇일까요?

　　천연발효 식빵은 천연효모를 사용하여 독특한 맛, 향, 식감이 만들어지며, 배합의 제약성, 독자적인 제법으로 만든다.

3) 모양에 따른 식빵의 종류는 무엇이 있습니까?

　　모양에 따른 식빵의 종류는 산형 식빵과 사각 식빵이 있다.

(1) 산형 식빵과 사각 식빵

　　산형 식빵은 빵의 윗면이 자연스럽게 부풀어 오른 것이며, 사각 식빵(풀먼 식빵)은 뚜껑을 덮어 평평하게 구운 것이다.

① 산형 식빵

　　산형 식빵은 영국이 발상지로 틀을 덮지 않고 굽는 윗부분이 솟은 형태이다.
　　반죽을 틀에 넣은 뒤 뚜껑을 닫지 않고 굽는 것으로 인해 기포가 크게 부풀어 올라

산 모양을 만드는 것이 특징이다. 발효가 억제되지 않아 오븐 팽창, 불의 통함이 좋아 바삭바삭한 식감, 결이 거친 촉감이 된다. 껍질을 남겨둔 채 오픈 샌드하거나 토스트 샌드위에서 바삭한 식감을 내며, 세련된 샌드위치와 핫 샌드위치 만들기에 좋다.

② 사각 식빵(풀먼식빵)

사각 식빵은 영국의 둥근 식빵이 미국으로 건너가 사각 식빵이 만들어져 풀만 식빵이라고도 부르는데 유래는 미국 풀먼사의 철도차량에서 따온 것으로 구워진 빵 모양이 객차를 닮았다는 점에서 '풀먼 브래드'라고 하였다. 저배합 빵으로 뚜껑이 있어 찐 상태의 굽기가 되므로 촉촉하고 부드럽게 만들어지며 샌드위치용의 빵으로 사용된다.

사각 식빵은 뚜껑을 덮고 굽기 때문에 쫄깃한 식감이 있다. 사각 식빵은 뚜껑이 있는 형태로 굽기 때문에 수분 증발이 제한되어 쫄깃쫄깃한 식감이 되는 것이 특징이다. 고급 식빵은 사각 식빵이 많으며, 약 1cm 두께(12장)로 얇게 자른 것을 사용하여 달걀, 참치, 양상추 등 간단한 샌드위치를 만든다. 약 1.5cm 두께로 자른 것은 감자 샐러드와 스크램블 에그 등 부피가 있는 내용물에 알맞다. 프랑스나 독일은 사워도우 발효빵을 식빵으로 하고 있다.

2. 프랑스 빵은 무엇입니까?

프랑스 빵은 밀가루, 물, 이스트, 소금 등 저배합으로 만드는 것으로 바게트가 대표적이다.

호밀, 천연효모를 사용하여 고유한 맛과 풍미, 향과 씹는 맛이 즐거움을 주며 작게 잘라 재료를 얹은 오픈 샌드 상태로 만든다.

외국에서는 프랑스 빵에 재료를 끼운 샌드위치가 많고, 카페 등에서 자주 볼 수 있다.

프랑스에서는 버터를 듬뿍 바르고 햄을 끼운 단골 메뉴가 있다.

프랑스 빵 종류인 바게트, 하드롤, 크로와상, 바타르, 호밀빵, 시골빵(캉파뉴), 비에노 아주리, 브리오슈를 사용하여 샌드위치를 만든다.

1) 바게트

바게트는 긴 막대기 모양으로 껍질은 딱딱하고 속은 부드러운 쫄깃쫄깃한 맛을 지닌 프랑스의 대표적인 빵이다. 아주 담백한 맛으로 버터, 치즈, 햄을 넣은 샌드위치를 만들어 먹는다.

2) 하드롤

하드롤은 바게트 반죽을 둥글게 공 모양으로 만든 빵이다. 바게트처럼 껍질은 딱딱하고 속은 부드럽다. 식사 대용으로 그냥 먹거나 속을 파내어 그 안에 샐러드 등을 넣어 먹으면 맛이 좋다.

3) 크로와상

크로와상은 버터와 반죽의 층이 겹겹이 있는 소라 모양의 고급스러운 맛으로 프랑스인이 아침 식빵으로 유명하다. 크로와상은 버터의 지방분이 많아 아무것도 바르지 않고 그냥 먹어도 맛이 좋다. 빵의 속살이 결 방향으로 잘 갈라져서 있는 것이 좋다.

3. 독일 빵은 무엇입니까?

독일 빵은 독일에서 만드는 빵으로 호밀과 밀가루로 만들며, 씹힙성과 맛이 고소한 것이 매력이 특징으로 샌드위치로 만든다. 독일 빵의 종류는 400~600개나 되며 맛도 형태도 다양하다.

독일은 호밀을 연구하여 곡물의 깊은 맛, 저당 식사, 다이어트에 좋은 사워종으로 빵을 만들었다. 호밀은 칼로리도 당질도 낮고, 비타민 B군이나 식물 섬유, 미네랄 등의 영양소를 풍부하며 씹는 맛이 좋고 적은 양으로도 포만감이 높다.

독일 빵은 버터 치즈 등 유제품, 견과류, 채소 과일과 함께 먹는다. 호밀의 비율 순서로 90% 이상(로겐브로트), 50~90% 미만(로겐미쉬브로트), 50%(미시 브로트), 10~50% 미만(바이젠) 10% 미만(미슈브로트)의 5가지 분류가 있다.

독일 빵 유명한 브레첼이나 카이저 젬멜 같은 것은 소형 빵에 해당한다.

1) 호밀빵

호밀빵은 식사 때는 빵을 슬라이스 하여 버터를 바르는 것이 기본으로 햄과 치즈, 잼, 꿀, 채소, 피클, 명란 젓갈 등 원하는 재료를 토핑하고 소금과 후추 등으로 간을 맞추어 샌드위치를 만든다.

2) 브레첼

브레첼은 독일의 작은 빵을 통털어 말하며 껍질이 바삭하고 가벼운 식감이 있다. 어떤 속 재료와 잘 어울려 샌드위치로 만들기 쉽다.

4. 이탈리아 빵은 무엇입니까?

이탈리아 빵은 이탈리아산 밀가루로 만들며 담백한 맛과 소박한 것이 특징이다.

특징은 반죽에 올리브오일을 넣거나 발라서 굽는다. 샌드위치 제조에 올리브유를 많이 사용한다.

브런치와 샌드위치에 사용하는 이탈리아의 빵은 치아바타, 포카치아, 로제타, 파니니, 그리니시가 있다.

1) 치아바타

치아바타의 발상지는 북부 폴레시네 지방 아드리아로 이름 뜻은 '슬리퍼'이며 모양이 납작하고 거친 내상을 지닌 빵이다. 물을 많이 넣어서 만들며 소금을 섞은 올리브오일을 찍어 먹는 것이 일반적인 이탈리아의 바게트이다. 껍질은 질기지만 속은 부드럽고 고소하고 담백하다.

2) 포카치아

포카치아의 발상지는 북부 제노바 지방이다. 제노바에서 고대 로마 시대부터 만들어졌으며 피자의 원형으로 이름의 뜻은 '불에 구운 것'이다. 모양은 원형으로 이탈리아 사람들이 즐겨 먹는 담백하고 단단하며 바삭바삭하다. 치즈나 허브와 함께 먹거나 올리브오일에 찍어 먹는다. 속 재료를 올려 굽지는 않지만 로즈마리나 올리브, 말린 토마토 등으로 양념한 것도 있다.

3) 로제타

로제타(로즈)라는 이름처럼 꽃 모양의 식사빵이다. 배합은 단순하며 밀가루, 빵 효모, 소금, 물로만 만들어진다. 제품은 커다란 구멍이 생기기 쉽고 갓 구워낸 것은 식감이 가볍다.

4) 파니니

파니니는 '작은 빵'이란 뜻이다, 맛이 담백하고 깔끔하여 그대로 먹어도 좋으며 빵에 치즈, 채소, 햄을 넣고 파니니 기계나 그릴로 눌러 먹으면 좋다.

5) 그리시니

그리시니 발상은 북서부 피에몬테 지방의 토리노이다. 길쭉한 스틱 형태의 식사 빵으로 짠맛 주체인 크래커와 같은 식감이다. 그리시니는 17세기에 태어났고 나폴레옹은 작은 토리노 막대라고 부르며 즐겨 먹은 것으로 알려져 있다.

5. 영국의 빵은 무엇이 있습니까?

영국의 빵은 대표적으로 산형 식빵과 머핀 등이 있다.

1) 산형 식빵

산형 식빵은 영국이 발상지로 굽는 윗부분이 솟은 산형 모양이다.

반죽을 기포가 크게 부풀어 올라 오븐 팽창, 불의 통함이 좋아 바삭바삭한 식감, 결이 거친 촉감이 된다. 껍질을 남겨둔 채 오픈 샌드하거나 토스트 샌드 위에서 바삭한 식감을 내며, 세련된 샌드위치와 핫 샌드위치 만들기에 좋은 빵이다.

2) 머핀

머핀은 촉촉하고 부드러운 영국인의 아침 식사용 빵이다. 밀가루에 달걀과 우유를 넣고 반죽하여 부드러운 맛으로 아침 식사, 티타임에 먹는 빵이다. 반죽에 건포도, 아몬드, 호박, 당근, 사과 등 과일과 채소를 넣으면 더욱 영양가 있는 빵이 된다. 맛은 담백하고 모양은 납작하여 샌드위치를 만들거나 버터, 잼, 치즈와 함께 먹으면 좋다.

6. 미국의 빵은 무엇이 있습니까?

미국의 샌드위치용 빵은 사각 식빵(풀먼 식빵)과 베이글이 있다.

1) 사각 식빵(풀먼 식빵)

사각 식빵은 영국의 둥근 식빵이 미국으로 건
너가 뚜껑을 덮어 사각 식빵이 만들어져 풀만 식
빵이라고도 부른다. 유래는 미국 풀먼 사의 철도
차량에서 따온 것으로 구워진 빵 모양이 객차를
닮았다는 점에서 '풀먼 브래드'라고 부른다. 저배
합 빵으로 뚜껑이 있어 찐 상태의 굽기가 되므로
촉촉하고 부드럽게 만들어지며 샌드위치용의 빵
으로 사용된다.

사각 식빵은 뚜껑을 덮고 굽기 때문에 쫄깃한 식감이 있다. 달걀, 참치, 양상추 등 간
단한 샌드위치를 만든다.

2) 베이글

베이글은 도넛 모양의 담백하고 쫄깃한 빵이
다. 반죽을 뜨거운 물에 삶아 지방과 당분을 없
애고 다시 구워내므로 다이어트 빵, 샌드위치 빵
으로 인기가 높다. 버터, 달걀이 들어가지 않으
므로 신선도가 좋으며 오랫동안 보관이 가능하
다. 베이글은 부드러운 크림치즈가 잘 어울린다.

기본적인 베이글, 양파 베이글, 블루베리 베이
글, 건포도 베이글 등 종류가 다양하다.

7. 각국의 샌드위치 빵은 무엇이 있습니까?

세계 각국의 빵 중에서 샌드위치 만들기에 적합한 빵은 토르티야, 베이클, 피타빵, 곳베빵, 햄버거빵, 머핀 등이 있다.

1) 토르티야

토르티야는 남미 지방의 빵으로 밀가루, 옥수숫가루를 반죽하여 팬에 구워 만든 빵이다. 원형으로 되어있어 펼쳐 안에 여러 가지 내용물을 넣어 샌드위치를 만들어 먹기도 한다.

2) 피타빵

피타빵은 중동(시리아)에서 밀가루를 발효하여 만든 원형의 넓적한 빵이다. 맛은 담백하며 모양이 넓적한 포켓형으로 그 안에 내용물을 넣어 샌드위치를 만든다.

3) 쿠페빵

쿠페빵은 타원형 보트 모양으로 만든 바닥이 평평한 빵으로 프랑스의 빵, 쿠페에서 유래되었다. 쿠페빵은 모닝빵과 같은 비슷한 반죽으로 만들어 맛이 담백하고 부드럽다. 중앙을 잘라 달걀, 햄, 소시지, 치즈와 양파, 토마토, 양배추, 상추 등을 넣어 샌드위치를 만든다.

4) 햄버거빵

햄버거빵은 우유, 버터를 넣어 담백한 맛을 지닌 빵이다. 햄버거는 쇠고기나 돼지고기를 잘게 다져 빵가루와 양파, 달걀 따위를 넣고 동글납작하게 뭉쳐 구워 내용물을 만든다. 빵을 잘라 내용물을 넣고 소스를 바르고 햄, 치즈, 양파, 토마토 등을 넣어 샌드위치를 만든다.

5) 모닝빵

모닝빵은 부드럽고 담백한 맛의 아침 식사용 빵이다. 배합은 식빵과 비슷하며 모양이 둥글어서 떼어먹기 쉽게 만든 것이다. 우유나 커피와 잘 어우러지며 잼, 버터를 발라서 먹기도 한다.

치즈, 햄, 감자, 채소를 넣어 샌드위치를 만들기도 한다.

8. 브런치 · 샌드위치를 만드는 기본 채소는 무엇이 있습니까?

브런치 · 샌드위치를 만드는 기본 채소는 비타민과 미네랄이 풍부하여 영양의 균형, 맛과 향, 씹는 맛을 더해 준다. 기본 채소는 상추, 양상추, 양배추, 토마토, 피망, 파프리카, 청경채, 파슬리, 치커리, 무순, 겨자잎, 롤로로사, 로메인 레터스, 라디치오, 루콜라, 엔다이브 등 16가지가 있다.

1) 상추

상추는 서아시아와 유럽이 원산지이고 채소로 널리 재배하는 쌈 채소이다. 상추는 신선하고 상쾌한 맛, 씹는 식감이 좋아 생식, 샌드위치에 적합하다.

2) 양상추

양상추는 국화과의 식물로 샌드위치, 샐러드에 많이 이용된다. 양상추는 수분이 전체의 94~95%, 탄수화물, 조단백질, 조섬유, 비타민 C 등이 들어있다.

3) 양배추

양배추는 건강식품으로 샐러드, 쌈 채소, 볶음요리, 샌드위치 만들기에 사용된다. 양배추는 위장병, 식이섬유가 많아 장운동을 좋게 한다.

4) 토마토

토마토는 남미가 원산지로 무기질, 비타민, 항산화 물질을 함유한 채소이다. 토마토는 햄, 육류, 베이컨의 느끼한 맛을 줄여주어 샌드위치, 샐러드, 소스, 주스 등 디저트로 사용된다.

5) 피망

피망은 남아메리카 원산지로 비타민 A, C가 풍부하다. 피망은 샌드위치, 샐러드, 각종 요리용으로 생으로 섭취하거나 각종 볶음요리에 사용된다.

6) 파프리카

파프리카는 터키를 대표하는 향신료로 우리나라에서는 단맛을 내는 채소이다. 파프리카는 샌드위치, 샐러드, 수프, 달걀과 채소 요리, 치킨 요리, 드레싱에 사용된다.

7) 청경채

청경채는 중국 원산의 채소로 생식, 나물, 국, 쌈밥, 샌드위치 재료로 많이 이용된다.

8) 파슬리

파슬리는 지중해 연안, 프랑스 남부가 원산지로 소화 촉진, 이뇨 작용, 간장 해독에 효과가 있다. 맛은 상큼하며 진한 풀 향이 있으며 샌드위치, 샐러드, 드레싱, 수프, 생선요리, 육류요리에 사용된다.

9) 치커리

치커리는 철분, 카로틴, 식이섬유가 풍부하여 무침, 쌈, 샌드위치, 샐러드에 이용된다. 은은한 쓴맛이 나며 생으로 먹거나 살짝 볶아 익혀 먹는다.

10) 무순

무순은 식물성 섬유소와 비타민 A가 풍부하며 쌉싸름한 맛으로 쌈, 샌드위치, 샐러드에 이용된다.

11) 겨자잎

겨자잎은 매운맛과 특유의 향미로 비린 냄새를 잡아주며 쌈 채소, 샌드위치, 샐러드에 이용된다. 겨자잎은 섬유질, 비타민이 풍부하여 면역력 증진, 소화 촉진에 좋다.

12) 롤로로사

롤로로사는 상추와 비슷하며 잎은 연하고 향이 부드러워 다른 재료와 잘 어울린다. 샐러드, 쌈, 샌드위치에 이용되며 철분과 비타민 함량이 높아 신진대사, 혈액 순환을 촉진한다.

13) 로메인 레터스

로메인 레터스는 상추의 일종으로 부드러운 맛이 있어 샌드위치, 샐러드에 사용된다.

14) 라디치오

라디치오는 색이 고우며 맛이 약간 씁쓸하여 샌드위치, 샐러드에 사용된다.

15) 루콜라

루콜라는 이탈리아 채소로 열무와 비슷하며 약간 떫은맛이 있다. 씹으면 고소하여 샌드위치, 샐러드, 피자에 사용된다.

16) 엔다이브

엔다이브는 양상추과 채소로 배추의 속대와 비슷하며 약간 쓴맛과 아삭아삭한 맛이 있다. 샌드위치, 샐러드에 사용된다.

9. 브런치 · 샌드위치의 채소 준비하기는 무엇입니까?

브런치 · 샌드위치의 채소 준비하기는 만들어진 샌드위치의 맛에 영향을 준다. 채소는 잘 씻고 보관하는 위생관리가 중요하다. 잎채소는 물기를 제거하고 사용한다.

1) 양상추, 상추, 양배추

양상추, 상추, 양배추는 깨끗하게 씻은 다음 탈수기로 물기를 완전하게 빼고 키친타월로 여분의 물기를 뺀다. 비닐 팩이나 소독한 용기에 넣어서 냉장 보관한다.

2) 오이

오이는 오톨토돌한 돌기 부분에 균이 번식하기 쉬우므로 잘 씻어 칼 등으로 제거한다.

물기를 제거하고 깨끗이 소독한 용기에 넣고 냉장 보관한다.

3) 양파

양파는 매운맛을 제거하기 위해 소금물에 넣고 가볍게 주무른 다음 물에 헹구거나 식초 물에 헹군다. 양파는 자르는 방법에 따라 맛이 달라진다. 깨끗이 소독한 용기, 비닐 팩에 넣고 냉장 보관한다.

4) 토마토

토마토는 잘 씻고 씨를 제거하거나 제거하지 않고 사용한다. 토마토는 두께와 사전 준비에 따라 맛이 달라진다. 깨끗이 소독한 용기, 비닐 팩에 넣고 냉장 보관한다.

5) 파프리카

파프리카는 흰 부분에 쓴맛이 있으므로 제거한다. 빨강, 노랑 등 색감을 살릴 수 있으며 원하는 모양으로 자른다. 깨끗이 소독한 용기, 비닐 팩에 넣고 냉장 보관한다.

10. 브런치 · 샌드위치를 만드는 속 재료는 무엇이 있습니까?

브런치 · 샌드위치를 만드는 속 재료는 달걀, 햄, 치즈, 소시지, 베이컨, 고기, 채소 등의 재료가 있다.

1) 달걀

달걀은 완전식품으로 단백질, 미네랄, 비타민이 풍부하다. 부드러운 맛이 있어 아침 식사 대용의 샌드위치 제조에 적합하다. 각종 채소나 치즈를 다져 달걀부침으로 만들거나 하여 빵 사이에 넣어 샌드위치를 만든다.

2) 햄

햄은 육가공 식품 중에 샌드위치 재료로 가장 대표적이다. 그대로 슬라이스 된 것을 사용한다. 햄의 종류는 슬라이스 햄, 베이컨, 프랑크푸르트 소시지, 살라미, 스팸, 프로스트, 치킨 브레스트 등 7가지가 있다.

(1) 슬라이스 햄

슬라이스 햄은 돼지고기의 넓적다리 살을 이용하여 만든다. 쇠고기, 닭고기 등 여러 가지 육류를 갈아서 조미한 후 훈연한 것으로 그대로 먹을 수 있기에 샌드위치 제조에 가장 많이 사용된다.

(2) 베이컨

베이컨은 돼지고기 삼겹살을 소금에 절여 훈연한 것이다. 구우면 고소한 맛이 강하고 맛이 짭짤하여 수분이 많은 채소와 함께 먹는 것이 좋으며 샌드위치 제조에 사용한다.

(3) 프랑크푸르트 소시지

프랑크푸르트 소시지는 길쭉한 모양으로 핫도그에 많이 사용한다. 맛이 쫄깃쫄깃하며 씹히는 맛이 좋으며 샌드위치를 만든다.

(4) 살라미

살라미는 이탈리아식 소시지로 마늘 양념하여 차게 말린 것이다. 맛은 짜고 진하며 샌드위치 제조에 사용한다. 페퍼로니도 살라미의 일종이며 프라이팬에 살짝 구워 샌드위치를 만든다.

(5) 스팸

스팸은 통조림으로 만든 햄으로 짠맛이 강하고 기름기가 많다. 빵에 넣어 채소와 함께 샌드위치를 만든다.

(6) 프로슈트

프로슈트는 돼지 넓적다리를 통째로 소금에 절여 만든다. 맛은 향이 강하고 짠맛이 있어 수분이 많은 것과 함께 먹는다. 이탈리아에서는 치즈 다음으로 많이 쓰이는 식재료로 슬라이스 상태로 샌드위치를 만든다.

(7) 치킨 브레스트

치킨 브레스트는 닭가슴살에 향신료를 넣고 훈제한 것이다. 맛은 담백하고 부드럽기 때문에 돼지고기 다음으로 샌드위치 제조에 사용한다.

3) 치즈

치즈는 짭짤하고 고소한 맛으로 빵, 달걀, 육류, 채소, 과일과 잘 어울린다. 샌드위치를 만들면 맛이 더욱 좋아지며 고급 제품이 된다. 치즈의 종류에 따라서 맛, 질감이 다르므로 각각의 입맛에 적합한 샌드위치를 선택하는 즐거움을 준다.

샌드위치에 사용하는 치즈는 체다, 고르곤졸라, 모차렐라, 카망베르, 브리, 에멘탈치즈가 있다.

(1) 체다 치즈

체다 치즈는 체다 치즈를 슬라이스하여 가공한 치즈이다. 고소하며 신맛이 없고 한 장씩 포장되어 있어 사용하기 편리하다. 샌드위치, 햄버거, 술안주에 사용된다.

(2) 고르곤졸라 치즈

고르곤졸라 치즈는 이탈리아의 대표적인 치즈이다. 반연질의 블루 치즈로 특이한 맛이 있다.

샌드위치, 샐러드, 드레싱, 파스타의 재료로 이용된다.

(3) 모차렐라 치즈

모차렐라 치즈는 피자의 토핑에 쓰이는 피자 치즈이다. 생모차렐라 치즈는 부드럽고 탄력이 있으며 맛이 좋다. 샌드위치에 생토마토와 함께 넣으며 신선하고 상큼한 맛을 낸다.

(4) 카망베르 치즈

카망베르 치즈는 흰색의 곰팡이 치즈이다. 속이 부드럽고 버터 향이 나며 누구나 쉽게 먹을 수 있으며 와인과 잘 어울리는 치즈이다.

(5) 브리치즈

브리치즈는 치즈의 왕이라 불린다. 맛이 매우 고소하며 부드럽고 쫀득하며 샌드위치, 샐러드, 드레싱, 과일, 견과류, 와인과 잘 어울린다.

(6) 에멘탈치즈

에멘탈치즈는 단단한 치즈로 구멍이 나와 있는 것이 특징이다. 헤즐넛 향이 나며 냄새가 고릿하며 샌드위치, 퐁뒤 요리에 사용하며 오븐에 살짝 넣어 녹여 먹는다.

11. 브런치 · 샌드위치를 만드는 기본 소스는 무엇이 있습니까?

브런치 · 샌드위치를 만드는 기본 소스는 샌드위치의 맛을 내는 기본 재료의 하나이다. 마요네즈, 토마토케첩, 간장, 부드러운 칠리소스, 칠리소스, 데미그라소스, 우스터소스, 중농소스 등 8가지가 있다. 판매되고 있는 여러 가지 소스를 혼합하여 새로운 맛을 내서 사용한다.

1) 마요네즈

마요네즈는 샌드위치의 맛을 내는 기본 소스로 대부분의 재료와 잘 어울린다. 마요네즈를 만드는 재료는 달걀노른자(2개), 물(10g), 식용유(375g), 식초(5g), 소금(7.5g), 물(10g), 후추(겨잣가루 2.5g)로 이것을 섞어 만든 소스이다. 마요네즈의 응용은 씨겨자 마요네즈(마요네즈 100g＋씨겨자 20g), 고추냉이 마요네즈(마요네즈 100g＋고추냉이 10g), 간장 마요네즈(마요네즈 100g＋간장 10g), 매실 마요네즈(마요네즈100g＋매실 페이스트 10g)가 있다.

2) 토마토케첩

토마토케첩은 샌드위치나 요리에 많이 사용된다.

토마토케첩은 토마토를 삶고 갈아서 재료를 혼합해 만든다. 케첩의 배합은 토마토(100g), 양파(24g), 꿀(3.8g), 레몬즙(2g), 소금(0.1g), 감자가루(1.1g), 물(2g)이다.

3) 간장

간장은 마요네즈 등에 섞어서 사용한다.

4) 부드러운 칠리소스

부드러운 칠리소스는 달고, 시고, 매콤한 맛이 있다. 타이 요리, 베트남 요리에 많이 사용한다.

5) 칠리소스

칠리소스는 고추의 매운맛과 토마토의 맛을 지닌 소스로 어패류에 잘 어울린다.

칠리소스(핫소스)는 혀끝이 찌릿하게 얼얼한 맛을 주며 배합은 건고추(칠리고추 7.5g), 양파(10g), 마늘(5g), 설탕(7.5g), 식초(10g), 소금(1.5g), 물(100g)이다.

6) 데미그라 소스

데미그라 소스는 5대 소스의 하나로 밀가루와 버터를 볶아서 육수를 넣고 만든 소스로 육류를 사용한 샌드위치와 잘 어우러진다.

데미그라스 소스의 배합 재료는 다진 돼지고기(300g), 다진 소고기(150g), 양파(150g), 설탕(15g), 빵가루(50g), 케첩(25g), 식초(15g), 후추(2g), 다진 마늘(15g)이다.

7) 우스터 소스

우스터 소스는 일본에서 만든 점도가 낮은 소스로 돈가스 샌드위치, 고기 요리에 잘 어울린다.

우스터 소스의 재료는 식초, 타마린드 추출액, 고추 추출액, 설탕, 양파, 앤초비, 소금, 마늘, 클로브 등을 혼합하여 숙성시켜 만든다.

8) 중농 소스

중농 소스는 우스터 소스보다 점도가 높으며 부드러운 맛, 채소와 과일의 맛을 느낄 수 있다.

12. 브런치 · 샌드위치 맛을 내는 소스의 종류는 무엇입니까?

브런치 · 샌드위치를 만드는 기본 소스는 맛을 증가시키는 중요한 요소이다. 소스는 맛이나 향, 색깔을 좋게 하는 조미료로 800가지 정도가 있다.

샌드위치를 만드는 기본 소스의 맛은 담백한 맛, 개운한 맛, 고소한 맛, 상쾌한 맛, 매콤한 맛, 달콤한 맛, 새콤한 맛 등 8가지가 있다. 소스를 만드는 공식을 파악해두며 전문점에 맛있는 샌드위치를 만들 수 있다.

1) 담백한 맛의 소스(버터+머스터드)

담백한 맛의 소스는 버터+머스터드로 만든다. 클럽 샌드위치처럼 다양한 재료가 들어가는 샌드위치를 만들 때 좋다. 빵의 기본 발라주기에 적합하며 여러 가지 재료의 신선한 맛을 살려준다. 머스터드는 초본식물로 지중해 지역이 원산지로 노란색을 띤 머스터드 씨는 다소 매운맛이 내는 양념, 즉 머스터드소스를 만드는 데 사용된다.

머스터드는 상큼한 향신료로 톡 쏘는 상쾌한 풍미를 내며 재료는 겨잣가루(10g), 양파(12.5g), 마요네즈(12.5g), 올리브유(15g), 식초(22.5g), 설탕(15g), 소금(1g), 후추(1g)로 만든다.

2) 개운한 맛의 소스(마요네즈+머스터드)

개운한 맛의 소스는 마요네즈+머스터드를 혼합하여 머스터드의 매콤한 맛과 마요네즈의 고소한 맛이 합쳐져서 개운한 맛을 낸다. 생선 샌드위치에 좋으며 마요네즈의 느끼함을 머스터드가 중화시킨다.

3) 고소한 맛의 소스(머스터드+우유)

고소한 맛의 소스는 머스터드+우유를 섞어 부드럽고 고소한 맛을 낸다. 부드러운 빵과 잘 어울리며 땅콩, 아몬드를 잘게 잘라 넣으면 씹힙성과 맛이 증가된다.

4) 상큼한 맛의 소스(토마토케첩+핫소스+토마토)

상큼한 맛의 소스는 케첩+핫소스+토마토를 혼합하여 만들며 가장 많이 사용하는 소스이다. 토마토케첩에 핫소스와 다진 토마토를 넣어 맛을 증가시킨다. 햄버거, 치즈, 햄 샌드위치에 잘 어울린다.

5) 달콤한 맛의 소스(꿀+요구르트+머스터드)

달콤한 맛의 소스는 꿀+요구르트+머스터드를 넣어 만든다. 꿀과 요구르트와 머스터드가 잘 어울려져서 달콤하고 부드러운 맛을 낸다. 겨자 등의 톡 쏘는 맛이 자극적일 때 사용하면 좋다. 샌드위치의 여러 가지 재료와 잘 어울러진다.

6) 매콤한 맛의 소스(마요네즈+고추냉이)

매콤한 맛의 소스는 마요네즈+고추냉이로 만든다. 마요네즈의 느끼한 맛을 고추냉이가 조절해준다. 참치 샌드위치, 고기 패티를 넣은 샌드위치에 사용하면 비린 맛 등을 잡아주고 산뜻한 맛을 준다.

7) 산뜻 달콤한 맛의 소스(생크림+과일잼)

산뜻 달콤한 맛의 소스는 생크림에 설탕 대신으로 과일잼을 넣고 휘핑한 것이다. 생크림의 산뜻함을 느낄 수 있다. 식빵, 크로와상 등 빵 맛을 내는 샌드위치에 사용하면 좋다.

8) 새콤한 맛의 소스(프렌치드레싱+마요네즈)

새콤한 맛의 소스는 프렌치드레싱+마요네즈로 만든다. 프렌치드레싱에 마요네즈를 넣으면 부드럽고 묽은 상태가 된다. 드레싱과 마요네즈의 고소함이 더해져서 단호박 샐러드, 감자 샐러드 등의 샌드위치와 좋다.

프렌치드레싱은 마요네즈의 느끼함을 줄여 깔끔한 맛을 내며 배합은 올리브오일(45g), 레몬즙(45g), 식초(30g), 허브가루(5g), 설탕(5g), 소금(1g), 후추(1g)를 혼합하여 만든다.

13. 브런치 · 샌드위치를 만드는 기본 조미료는 무엇이 있습니까?

브런치 · 샌드위치를 만드는 기본 조미료는 된장, 고추장, 고추냉이, 씨겨자, 유자 후추, 매실 페이스트리, 바질 페이스트, 안초비, 디종 머스터드, 타프나드, 아욜리, 누오크맘 등 12가지가 있다.

샌드위치의 개성 있는 맛은 조미료, 식감, 향 등 기본 조미료와 소스를 조합하여 새로운 맛을 내게 한다.

1) 된장

된장은 풍부한 풍미와 감칠맛이 있는 친숙한 맛이다. 소스나 양념과 혼합하여 샌드위치의 맛을 낸다.

2) 고추장

고추장은 우리 요리에 사용하는 필수적인 매운맛의 조미료이다. 단맛과 감칠맛이 있어 빵, 샌드위치와 잘 어울린다.

3) 고추냉이

고추냉이는 톡 쏘는 매운맛과 살균작용을 지닌 조미료이다. 쇠고기와 생채소를 사용하는 샌드위치와 잘 어울려진다.

4) 유자 후추

유자 후추는 유자와 소금, 고추를 섞어 만든 매운맛을 지닌 조미료이다. 유자의 산뜻한 향이 좋다.

5) 매실 페이스트

매실 페이스트는 신맛과 단맛을 지닌 것으로 동양적인 맛을 내는 샌드위치에 좋다.

6) 씨겨자

씨겨자는 겨자씨의 씹히는 식감을 느낄 수 있다. 부드러운 매운맛을 내는 샌드위치에 사용하면 좋다.

7) 안초비

안초비는 멸치류를 소금에 절인 것이다. 감자와 달걀이 들어간 샌드위치와 샐러드에 잘 어울린다.

8) 바질 페이스트

바질 페이스트는 바질과 마늘, 올리브유를 섞어 만든 것이다. 치킨, 샐러드를 넣은 샌드위치에 잘 어울린다.

9) 디종 머스터드

디종 머스터드는 프랑스의 전통적인 것으로 매운맛과 신맛이 조화를 이룬다.

10) 타프나드

타프나드는 프랑스 남부 지방의 블랙 올리브로 만든 페이스트이다. 샐러드를 사용한 샌드위치에 좋다.

11) 아욜리

아욜리는 프랑스 남부 지방의 마늘+마요네즈이다. 샐러드를 사용한 샌드위치에 좋다.

14. 브런치 · 샌드위치의 맛을 내는 비법은 무엇이 있습니까?

브런치 · 샌드위치의 맛을 내는 비법은 여러 가지 재료가 조화되어 각각의 재료의 맛이 살아있게 해야 한다. 빵과 육류, 채소, 과일 관리와 선택과 조합이 샌드위치의 맛을 내는 비법이다.

1) 빵의 관리

빵의 관리는 맛있는 샌드위치를 만들기에 신선도를 유지해야 한다.

(1) 빵에 버터를 바른다.

빵에 버터를 발라 눅눅해지는 것을 막고 고소한 맛을 유지할 수 있다. 버터 대신 마요네즈를 바르기도 하며 재료의 접착을 위해 발라주기도 한다.

(2) 빵을 먹기 좋게 자른다.

빵을 자르기 전에 내용물이 빠져나오지 않게 꼬치나 이쑤시개 등으로 고정하고 칼에 힘을 주어 한 번에 자른다. 톱칼은 톱질하듯 자르면 눌리지 않고 잘 잘린다.

(3) 채소는 얼음물에 담가 신선도를 유지한다.

채소는 사용 전에 얼음물에 담가둔다. 양파나 양배추는 물에 담가두면 매운맛, 아린 맛이 빠져 생으로 먹기 좋다. 상추는 물기를 빼고 샌드위치에 넣는다.

(4) 베이컨은 구워서 기름기를 뺀다.

베이컨은 팬에 구운 뒤 종이타월로 기름기를 뺀다. 샌드위치가 눅눅해지거나 식었을 때 기름이 엉기는 것을 방지한다.

(5) 슬라이스 햄은 물에 데친다.

슬라이스의 햄의 기름기가 있으면 뜨거운 물에 데쳐 기름기를 빼고 사용한다.

(6) 랩, 유선지로 싸서 수분을 유지한다.

랩, 유선지로 싸서 만들어진 샌드위치의 수분을 보관한다. 빵, 채소가 마르면 먹기가 불편하고 맛이 나빠진다.

브런치 · 샌드위치 빵 만들기

3 브런치 · 샌드위치 빵 만들기

 우유식빵

우유식빵은 우유 맛이 강하며 부드럽고 입에서 녹는 느낌이 좋으며 버터 풍미가 있는 고급스러운 식빵이다.

우유식빵의 배합 1kg(베이커리 %)			
순서	재료	비율(%)	무게(g)
1	강력분	80%	800g
2	박력분	20%	200g
3	설탕	10%	100g
4	소금	1.8%	18g
5	탈지분유	2%	20g
6	버터	8%	80g
7	생이스트	3%	30g
8	제빵개량제	1%	10g
9	달걀	10%	100g
10	우유	57%	570g
	합계	192%	1,920g

① 믹싱 : 저속 3분, 중속 3분, 중고속 2분 ↓ 유지투입 중속 3분, 중고속 3분(총 15분)
② 반죽 온도 : 27℃(30℃)
③ 제1차 발효 : 발효실(온도 · 습도) 27℃, 75%, 발효 시간 : 60분
④ 분할 중량 : 240g×3=720g
⑤ 중간 발효 : 20분
⑥ 성형 : 패닝 3반죽
⑦ 제2차 발효 : 발효실(온도 · 습도) 38℃, 85%, 발효 시간 : 55~60분
⑧ 굽기 : 200℃, 윗불온도 195℃, 밑불온도 200℃
⑨ 굽기 시간 : 35~40분

2 토스트 식빵

토스트 식빵은 강력분과 중력분을 혼합 사용하며 부드러움을 조절하며 버터를 조금 첨가하여 맛을 낸다. 성형 방법을 다르게 하여 구웠을 때 더 바삭한 식감을 만든다.

순서	재료	비율(%)	무게(g)
1	강력분	85%	850g
2	중력분	15%	150g
3	설탕	6%	60g
4	소금	2%	20g
5	탈지분유	2%	20g
6	버터	10%	100g
7	생이스트	3%	30g
8	몰트 시럽	0.5%	5g
9	우유	30%	300g
10	물	30%	300g
	합계	183.5%	1,835g

토스트 식빵의 배합 1kg(베이커리 %)

공정순서

① 믹싱: 저속 3분, 중속 3분, 고속 1분 ↓ 유지투입 저속 1분, 중속 3분, 고속 2분(총 13분)
② 반죽 온도: 27℃
③ 제1차 발효: 발효실(온도 · 습도) 27℃, 75%, 발효 시간: 60분
④ 분할: 무게 320g
⑤ 중간 발효: 25분
⑥ 성형: 밀대로 밀어 펴는 성형작업을 한다.
　* 밀대 롤상에 한 것을 4개를 틀에 넣는다.
　* 틀 반죽 대비 양 약 4.9(cc/g)
⑦ 제2차 발효: 발효실(온도 · 습도) 38℃, 85%, 발효 시간: 35분
⑧ 굽기: 200℃, 윗불온도 200℃, 밑불온도 200℃
⑨ 굽기 시간: 40분

버터식빵

반죽에 버터를 첨가하여 만들어 고소한 맛과 부드러움을 낸 고급 식빵이다.

버터식빵의 배합 1kg(베이커리 %)			
순서	재료	비율(%)	무게(g)
1	강력분	100%	1,000g
2	설탕	6%	60g
3	소금	1.5%	15g
4	탈지분유	2%	20g
5	버터	50%	500g
6	드라이 이스트	3%	30g
7	달걀	6%	60g
8	생크림	30%	300g
9	물	60%	600g
10	토핑용 버터	10%	100g
	합계	238.5%	2,385g

공정순서

① 믹싱 : 저속 2분, 중속 3분, 중고속 2분 ↓ 유지투입 중속 2분, 중고속 3분(총 12분)
② 반죽 온도 : 27℃
③ 제1차 발효 : 발효실(온도 · 습도) 27℃, 75%, 발효 시간 : 60분
④ 분할 중량 : 180g×3개=540g
⑤ 중간 발효 : 15~20분
⑥ 성형 : 타원형으로 균일하게 한 후, 3겹으로 말아준다.
⑦ 제2차 발효 : 발효실(온도 · 습도) 38℃, 85%, 발효 시간 : 50분
⑧ 굽기 : 윗불온도 170℃, 밑불온도 200℃
⑨ 굽기 시간 : 35분

4 생크림 식빵

　빵 반죽에 생크림을 첨가하여 고소함과 부드럽게 녹는 느낌이 있으며 생크림의 풍미가 고급스러운 식빵이다.

순서	재료	비율(%)	무게(g)
	생크림 식빵의 배합 1kg(베이커리 %)		
1	강력분	80%	800g
2	박력분	20%	200g
3	설탕	10%	100g
4	소금	1.8%	18g
5	탈지분유	2%	20g
6	버터	8%	80g
7	생이스트	3%	30g
8	제빵개량제	1%	10g
9	달걀	10%	100g
10	생크림	30%	300g
11	우유	27%	270g
	합계	192%	1,920g

공정순서

① 믹싱 : 저속 3분, 중속 3분, 중고속 2분 ↓ 유지투입 중속 3분, 중고속 3분(총 14분)
② 반죽 온도 : 27℃
③ 제1차 발효 : 발효실(온도 · 습도) 27℃, 75%, 발효 시간 : 60분
④ 분할 중량 : 240g×3=720g
⑤ 중간 발효 : 20분
⑥ 성형 : 패닝 3반죽
⑦ 제2차 발효 : 발효실(온도 · 습도) 38℃, 85%, 발효 시간 : 55분
⑧ 굽기 : 온도 200℃, 윗불온도 190℃, 밑불온도 200℃
⑨ 굽기 시간 : 35~40분

5 호밀식빵

호밀은 식이섬유소가 풍부하여 다이어트에 도움이 된다. 호밀을 첨가한 호밀식빵은 사워도우법으로 만들며 호밀의 맛을 느낄 수 있으며 샌드위치도 매우 좋다.

호밀식빵의 배합 1kg(베이커리 %)			
순서	재료	비율(%)	무게(g)
1	강력분	80%	800g
2	호밀가루	20%	200g
3	설탕	10%	100g
4	소금	1.8%	18g
5	탈지분유	2%	20g
6	버터	8%	80g
7	생이스트	3%	30g
8	제빵개량제	1%	10g
9	달걀	10%	100g
10	생크림	30%	300g
11	우유	27%	270g
	합계	192%	1,920g

공정순서

① 믹싱: 저속 3분, 중속 3분, 중고속 2분 ↓ 유지투입 중속 3분, 중고속 3분
② 반죽 온도: 27℃
③ 제1차 발효: 발효실(온도·습도) 27℃, 75% 발효 시간: 60분
④ 분할 중량: 240g×3=720g
⑤ 중간발효: 20분
⑥ 성형: 패닝 3반죽
⑦ 제2차 발효: 발효실(온도·습도) 38℃, 85%, 발효 시간: 55분
⑧ 굽기: 윗불온도 190℃, 밑불온도 200℃
⑨ 굽기 시간: 35~40분

6 프랑스 빵(바게트빵)

고소한 씹는 맛이 있으며 표피와 부드러운 맛, 식감이 특징이다. 배합이 간단한 만큼, 공정의 변화가 제품에 영향을 주기 때문에 반죽의 취급에 주의가 필요하다. 스트레이트법으로 제조하는 공정이다.

생크림 식빵의 배합 1kg(베이커리 %)			
순서	재료	비율(%)	무게(g)
1	중력분	100%	1,000g
2	소금	2%	20g
3	드라이 이스트	0.5%	5g
4	몰트 시럽	0.2%	2g
5	비타민 C	0.008%	8ppm
6	물	68%	680g
	합계	170.7%	1,707g

*드라이 이스트 예비 발효(10분)
 드라이 이스트 0.5%, 40℃의 물(수분량에 포함) 2.5%, 설탕 0.1%를 넣고 10분간 발효한 후 반죽에 넣어 사용한다.

공정순서

① 믹싱 : 저속 2분(혼합 분말, 몰트 시럽, 물만으로 믹싱)
② 오토리스법 30분(자동 리즈 중에 드라이 이스트 예비발효를 한다.)
③ 발효 후 반죽↓ 다른 재료 투입 믹싱한다.
④ 믹싱 : 반죽↓ (다른 재료 투입) 저속 5분, 중속 2분(총 7분)
⑤ 반죽 온도 : 24℃
⑥ 제1차 발효 : 발효실(온도 · 습도) 27℃, 75%
⑦ 발효 시간 : 120분, 펀치 시간 : 60분
⑧ 분할 중량 : 350g
⑨ 중간 발효 : 30분
⑩ 성형 : 바게트 모양 성형(기타 각종 모양 성형)
⑪ 제2차 발효 : 발효실(온도 · 습도) 27℃, 75%, 발효 시간 : 70분~100분
⑫ 굽기 : 210℃, 윗불온도 210℃, 밑불온도 210℃
⑬ 굽기 시간 : 25~30분

⑦ 베이글 다이어트 빵

베이글 빵은 다른 빵과 다르게 공정 과정에 반죽을 끓는 물에 한번 삶아 낸 후 굽기를 한다. 베이글 다이어트 빵은 끓는 물에 통과시켜 반죽의 이물질을 제거하고 독특한 쫀득한 식감을 만들어 낸다.

베이글 빵의 배합 1kg(베이커리 %)			
순서	재료	비율(%)	무게(g)
1	강력분	60%	600g
2	중력분	40%	400g
3	생이스트	2.5%	25g
4	설탕	4%	40g
5	소금	1.9%	19g
6	탈지분유	2%	20g
7	몰트 시럽	0.3%	3g
8	탕종	20%	200g
9	물	52%	520g
	합계	182.8%	1,828g

탕종 배합 공정
• 탕종 배합 • 강력분 10%(100g) • 뜨거운 물 10%(100g) • 믹서로 균일하게 될 때까지 섞는다. • 반죽 온도: 반죽을 50℃ 이상으로 만든다. • 실온에서 조금 식힌 후 하룻밤 냉장 보관한다.

① 믹싱 : 저속 1분 ↓ 탕종 저속 3분, 중속 3분, 고속 3분(총 10분)

② 반죽 온도 : 27℃

③ 제1차 발효 : 발효실(온도 · 습도) 27℃, 75%, 발효 시간 : 50분

④ 분할 중량 : 80g(22개)

⑤ 중간 발효 : 15분

⑥ 성형 : 밀대를 사용하여 막대 모양으로 가장자리를 연결하여 링 모양으로 만든다.

⑦ 제2차 발효 : 발효실(온도 · 습도) 38℃, 85%, 발효 시간 : 40분

　* 발효실 후 달걀을 바른다.

⑧ 굽기 : 윗불온도 210℃, 밑불온도 190℃

⑨ 굽기 시간 : 10분

⑧ 햄버거 번스빵

번스빵은 영국식의 주식인 빵으로 둥그런 형태의 빵, 햄버거를 만든다. 번스빵의 식빵과 차이점은 고율배합(우유, 버터)이며, 버터, 크림, 치즈를 필링하고 깨나 비스킷 등을 토핑한다. 모카번스 등 과자빵이 유명하다.

번스빵 배합 1kg(베이커리 %)			
순서	재료	비율(%)	무게(g)
1	강력분	80	800
2	박력분	20	200
3	설탕	8	80
4	생이스트	3	30
5	버터	10	100
6	소금	0.5	5
7	달걀	10	100
8	탈지분유	1	10
9	우유	40	400
10	물	28	280
	합계	200.5%	2,005g

공정순서

① 준비 : 믹서 볼에 강력분, 박력분, 설탕, 소금을 넣고 섞는다.
② 믹싱 : 저속 2분, 중속 3분 ↓ 버터 저속 1분, 중속 5분(L2 M3↓L1 M5)(총 11분)
③ 반죽 온도 : 27℃
④ 제1차 발효 : 발효실(온도 · 습도) 27℃, 75%, 발효 시간 : 60분
⑤ 분할 중량 : 50~80g
⑥ 성형 : 반죽을 12~15개를 팬닝한다.
⑦ 굽기 : 윗불온도 190℃, 밑불온도 150℃
⑧ 굽기 시간 : 약 20분

9 잉글리시 머핀빵

잉글리시 머핀빵은 영국에서 만들어진 작고 납작하고 둥근 식사용 빵이다. 미국식 머핀과 구별하여 '영국식' 머핀(English muffin)이라 부른다. 일반적으로 아침 식사로 먹기 때문에 브렉퍼스트 머핀(Breakfast muffin)이라고도 한다. 미국에서 주로 먹는 식사용 빵이다.

잉글리시 번스빵 배합 1kg(베이커리 %)			
재료	재료	비율(%)	무게(g)
1	강력분	90	900
2	박력분	10	100
3	설탕	3	30
4	드라이 이스트	14	140
5	쇼트닝	2	20
6	소금	2	20
7	탈지분유	2	20
8	식초	2	20
9	물	75	750
	합계	200.5%	2,005g

공정순서

① 준비 : 믹서 볼에 강력분, 박력분, 설탕, 소금을 넣고 섞는다.
② 믹싱 : 저속 2분, 중속 3분 ↓ 버터 저속 1분, 중속 5분(L2 M3↓L1 M5)(총 11분)
③ 반죽 온도 : 25℃
④ 제1차 발효 : 발효실(온도 · 습도) 28℃, 80%, 발효 시간 : 40분
⑤ 분할 중량 : 50g
⑥ 중간발효 : 없음
⑦ 성형 : 작업대 위에 옥수수가루를 뿌리고 반죽을 늘려 편다.
⑧ 제2차 발효 : 온도 38℃, 습도 80%, 발효 시간 : 40분
⑨ 굽기 : 윗불온도 210℃, 밑불온도 200℃
⑩ 굽기 시간 : 약 12~15분

CHAPTER 4

브런치 만들기

4 브런치 만들기

브런치는 아침 시간의 여유와 재료가 갖추어져 있으면 간단하게 만들 수 있다. 브런치는 달걀 프라이가 있는 시리얼 프렌치 토스트, 바삭바삭한 식감의 식사계 크레페, 치즈에그와 바삭바삭한 베이컨을 올려 만드는 에그 베네딕트, 채소 샐러드, 오븐 토스터로 따뜻하게 데우기만 하면 되는 와플, 치즈가 듬뿍 실린 치즈 그라탱이 있다.

만들기는 빵, 치즈, 박력분, 버터, 우유, 콘소메, 베이컨, 시금치 등 좋아하는 재료만 있으면 된다.

① 에그 베네딕트 브런치

에그 베네딕트 브런치는 잉글리시 머핀에 달걀과 소스를 섞어 만드는 좋은 메뉴이다.

재료(1인분)

잉글리시 머핀 1개   베이컨 1장

[온데이즈 소스]
노른자 1개   마요네즈 10g
녹인 버터 10g   레몬즙 3g
달걀 분말 10g   달걀 1개
물 100g   채소 50~150g
후추 1~2g

만드는 법

① 채소는 찬물에 담가 둔다.
② 양상추, 방울토마토, 파프리카 피클을 만든다.
③ 잉글리시 머핀은 반으로 잘라 노릇노릇하게 토스터로 구워준다.
④ 베이컨은 반으로 잘라서 노릇노릇하게 굽는다.
⑤ 온데이즈 소스 만든다.
   • 노른자와 마요네즈를 그릇에 넣고 잘 섞어 넣는다.
   • 녹인 버터를 조금씩 넣어 섞는다.
   • 레몬즙을 넣어 잘 버무려 완성이다.
⑥ 달걀을 용기에 넣어 물 100cc를 붓고 1분 가열하여 키친페이퍼를 깐 접시에 꺼낸다.
⑦ 노릇노릇하게 구운 잉글리시 머핀에 노릇노릇하게 구운 베이컨을 올리고 달걀 분말,
   온데이즈 소스를 듬뿍 뿌리고 흑후추를 뿌려준다.

② 햄카츠 핫 샌드 브런치

햄카츠 핫 샌드는 조식 브런치로 맛이 좋다.

식빵 2장
햄 커틀릿 1장
양배추 100g
소스 10~20g

① 햄카츠 핫 샌드를 만든다.
② 전날 햄 커틀릿의 경우 알루미늄 포일에 올려 토스터로 15분간 데운다.
　　처음 10분간은 알루미늄으로 윗부분도 감싸 따뜻하게 한다.
③ 나머지 5분은 윗부분의 알루미늄은 분리하여 데운다. 타지 않도록 주의한다.
④ 핫 샌드위치 메이커에 식빵을 올려 햄카츠를 올려놓는다.
⑤ 소스를 뿌린다(취향에 따라 소스에 겨자를 섞어서 겨자소스로 만든다.).
⑥ 양배추를 올린다.
⑦ 위에 식빵을 올려 굽는다.
⑧ 번째로 구워질 때까지 구워주시면 완성된다. 화상을 입지 않도록 주의한다.
⑨ 따뜻할 때 먹으면 햄카츠에 양배추가 듬뿍 들어가 맛있다.
⑩ 달걀 알레르기가 있는 분은 달걀 성분이 들어가지 않는 햄카츠로 만든다.

3 비트 달걀 샐러드 샌드위치

비트 달걀 샐러리 샌드위치는 브런치 메뉴로 더욱 건강하고 맛있는 샌드위치이다.

재료(1인분)

식빵 2장   삶은 달걀 1개
마요네즈 15g   비트의 초절임 15g
소금 1~2g   후추 1~2g

만드는 법

① 삶은 달걀을 달걀 커터 등으로 작게 만들어 그릇에 넣고 마요네즈를 넣는다.
② ①의 그릇에 잘게 썬 초절임의 비트를 함께 넣고 잘 섞어서, 소금 후추로 간을 맞춰
   빵에 끼워 완성한다.

CHAPTER 5

샌드위치 만들기

5   샌드위치 만들기

① 샌드위치의 기본 구성은 무엇입니까?

샌드위치의 기본 구성은 빵, 속 재료, 소스의 조화에 있다. 빵과 속 재료의 균형, 제공 환경, 일반적인 맛, 속 재료의 선택과 균형이 중요하다.

1. 샌드위치의 빵과 속 재료의 균형은 무엇입니까?

샌드위치는 빵과 속 재료의 균형은 빵의 비율이 높거나, 속 재료의 비율이 높거나, 빵과 속 재료의 비율이 같은 3가지 유형이 있다.

첫째, 빵의 비율이 높고 속 재료의 비율이 낮은 샌드위치는 바게트 샌드위치, 둘째, 속 재료의 비율이 높고 빵의 비율이 낮은 샌드위치는 빵 바냐 샌드위치가 있다. 셋째, 빵과 속 재료 비율이 같은 샌드위치는 호밀(크로뮤 무슈) 샌드위치가 있다.

빵과 속 재료의 균형은 샌드위치의 맛을 결정하는 것으로 만드는 데 기본이 된다.

샌드위치는 빵+유지류+주재료+소스+중요한 재료로 구성된다.

2. 샌드위치는 제공 환경에 따라 빵 종류가 달라진다.

샌드위치는 제공 환경에 따라 빵 종류가 달라지며 노점, 델리, 베이커리, 카페, 레스토랑, 호텔이 있다. 노점은 포장, 레스토랑은 앉아서 먹도록 제공된다. 또한 빵을 자를 때 두께의 균형을 고려해야 한다. 작은 빵은 칼집을 내고 내용물을 채우거나, 반으로 잘라 중앙에 넣거나 피타빵처럼 주머니 모양에 속 재료를 채우는 다양한 방법이 있다.

속이 부드러운 식빵류, 고소한 껍질 맛의 바게트, 곡류의 씹는 맛을 즐기는 호밀빵 등이 있다.

3. 샌드위치는 일반적인 맛이 있다.

샌드위치는 일반적인 맛으로 사랑을 받고 있다. 일반적인 맛의 결정은 빵 종류, 두께, 속 재료의 선택, 소스, 허브, 조합과 자르는 방법에 있다.

4. 샌드위치는 속 재료 선택이 중요하다.

샌드위치의 속 재료 선택은 샌드위치를 만들 때 가장 중요하다. 속 재료를 잘 이해하고 응용해야 한다.

5. 샌드위치는 속 재료의 균형이 중요하다.

속 재료의 균형은 기본조합에 새로운 재료, 빵과 속 재료를 다른 종류로 만드는 2가지가 있다.

1) 기본조합에 새로운 재료를 넣는다.

기본조합에 새로운 재료를 첨가하는 것으로 계절, 제철 재료를 첨가한다.

2) 빵과 속 재료를 다른 종류로 만든다.

기본 속 재료인 빵, 햄과 치즈 종류를 일부 전체를 바꾸어 샌드위치를 만든다. 구성요소인 빵＋유지류＋주재료＋소스＋중심재료이다.

6. 샌드위치의 조립 방법은 무엇입니까?

샌드위치의 조립 방법은 재료를 올리는 순서, 필링을 넣는 방법, 자르는 방법 이 3가지에 따라 완성품이 달라진다. 이것에 따라 맛과 먹는 느낌이 달라진다. 샌드위치의 조립 방법에 주의점을 알아두자.

1) 재료를 올리는 순서가 중요하다.

재료를 올리는 순서는 채소와 소스를 올리는 순서가 중요하다. 특히 토마토와 소스의 위치가 중요하다. 빵과 토마토는 직접 닿지 않게 한다. 토마토와 양상추 사이에는 소스를 뿌린다. 소스와 빵이 직접 닿지 않게 한다.

2) 필링을 넣는 방법에 따라 샌드위치가 달라진다.

필링을 넣는 방법에 따라 샌드위치의 모습이 달라진다. 달걀 샐러드와 참치 샐러드는 같은 양이라도 넣는 방법에 따라 잘랐을 때 모양이 달라진다. 중앙을 두껍게 할 것인지 평평하게 할 것인지도 필링을 넣는 방법에 따라 달라진다.

3) 자르는 방법에 따라 모습이 달라진다.

자르는 방법과 재료를 올리는 방법에 따라 샌드위치의 자른 면의 모습이 달라진다. 샌드위치는 자르는 방법에 따라 완성 모습이 크게 달라진다. 용도와 속 재료에 따라 자르는 크기와 가장자리를 자를 것인지를 결정한다.

7. 샌드위치의 포장 방법은 무엇입니까?

샌드위치의 포장 방법은 먹기 쉽고 보기 예쁘게 깔끔하게 한다. 비닐랩 포장, 비닐봉투 포장, 통에 담아 포장, 유선지 종이 포장, 종이봉투에 담아 포장, 샌드위치 전용 용기에 포장하기가 있다.

② 브런치 · 샌드위치의 바레이티 빵의 종류는 무엇이 있습니까?

1. 바레이티 빵의 종류는 무엇이 있습니까?

식빵은 보통 식빵, 전분을 이용한 식빵, 오랫동안 발효하여 독특한 향기와 식감을 낸 식빵, 탕종으로 만들어 빵 반죽에 섞은 식빵, 반죽에 구운 식빵 등이 있다.

바레이티 빵은 소비자의 요구에 맞게 만들어져 샌드위치에 맞는 것이나 굽고 그대로 먹는 것 등 그 빵의 특징에 맞게 구워진다.

바레이티 빵의 종류는 베이글, 포카치아, 파니니, 피타, 난, 차파타 등 국제적 색채가 짙은 것이 제조 판매되고 있다.

1) 베이글

베이글은 이스트를 넣은 강력분 반죽을 링 모양으로 만들고 발효하여 끓는 물에 익힌 후 오븐에 한 번 더 구워낸 빵이다. 조직이 치밀해서 쫄깃하면서도 씹는 맛이 독특한 이 빵은 유대인들이 만든 것으로 크림치즈를 발라 먹는다.

2) 포카치아

포카치아는 피자의 원형이 된 둥근 이탈리아 빵이다. 올리브유를 쓰고 강한 불로 구운 빵이다. 주식으로 하거나 치즈, 햄 등을 끼워 먹는다.

3) 파니니

파니니는 이탈리아어로 가장 일반적인 빵이다. 치즈나 햄, 채소 등을 끼워 먹거나 하는 경우도 파니니라고 부른다.

4) 피타빵

피타빵은 이집트와 요르단, 아랍 국가 등에서 먹는 정제하지 않는 가루나 옥수수가루를 사용하여 구운 빵이다. 제2차 발효하지 않고 구우므로 반죽이 얇고 속이 비게 되어 반으로 잘라서 안에 말린 고기 등을 채우고 주식으로 한다.

5) 난

난은 짚신 모양을 한 인도의 빵이다. 자연의 효모를 이용해 소금과 가루로 갈아 발효한 반죽을 돌솥에 구운 것이다. 부드럽고 맛도 좋으며 인도에서는 상류층들이 일주일에 1회꼴로 저녁 식사에 먹는 사치스러운 빵이다. 한국에서는 인도 카레에 난이 함께 제공될 정도로 대중적이다.

6) 차파타

차파타는 슬리퍼나 짚신처럼 생긴 이탈리아 빵으로, 터키에서도 볼 수 있다. 짠맛의 빵이다.

CHAPTER 6

식빵의 브런치

6 식빵의 브런치

식빵을 사용한 브런치·샌드위치는 만들기가 쉽고 다양한 내용물을 넣을 수 있다. 식빵을 중심으로 정성이 들어간 속 재료도 중요하며 아침 식사나 간식으로 빵과 속 재료의 변화를 주면 기본부터 새로운 샌드위치가 만들어진다. 오리지널 속 재료를 넣은 오픈 샌드, 토스트 샌드, 일반 샌드위치의 3종류가 있다.

① 카나페식 브런치 토스트

카나페식 브런치 토스트는 식빵을 사용하여 짧은 시간에 브런치를 만들 수 있다. 가정의 파티나 간단한 안주로 최적인 세련된 오븐 샌드위치이다. 계절에 따라 푸아그라 퍼티 위에 브로콜리를 잘게 잘라 3단이 되도록 올리고 연어와 파프리카로 장식을 한 크리스마스 트리 스타일의 카나페 등도 좋다. 토스트를 할 때 버터를 발라 구운 뒤 햄과 와인으로 하룻밤 절이고 계피로 버무린 사과를 얹는 배합도 아주 맛이 있다.

재료(1인분)

식빵 1장
푸아그라 퍼티 10g
얇게 썬 비어 소시지 1장
얇게 썬 오이 5장
블랙 올리브 5개
방울토마토 2개

만드는 법

① 샌드위치용 식빵을 1/4로 자른다. 샌드위치용 빵은 얇아 찢어지기 쉬우므로 조심해서 자른다.
② 빵이 노릇노릇해질 때까지 가볍게 토스트를 한다. 버터를 얇게 발라 재료에 따라 맛있게 완성한다.
③ 구워진 빵에 버터나이프로 퍼티를 얇게 펴 발라준다.
④ 방울토마토는 반으로 자르고 비어 소시지는 반으로 자른다.
⑤ 완성된 빵 퍼티 위에 맥주 소시지를 올리고 방울토마토, 호박, 블랙 올리브를 올리면 완성이다.

② 카페 브런치풍 프렌치 토스트

카페 브런치풍 프렌치 토스트는 1일 동안 달걀물에 담가두었다가 아침에는 굽기만 하는 간단하게 만드는 브런치 토스트이다.

재료(1인분)

바게트(식빵) 2장(1장)   달걀물
우유 200g   달걀 120g
설탕 30g   바닐라 에센스 1g
버터 15g   메이플 시럽 10g
슈거파우더 5g   생크림 50g
설탕 2g   바닐라 에센스 0.5g

만드는 법

① 바게트(식빵)는 2cm 두께로 슬라이스를 한다.
② 볼에 달걀을 풀어 우유, 설탕, 바닐라 에센스를 더해 달걀물을 만든다.
③ 바게트(식빵)가 겹치지 않고 들어갈 수 있는 용기를 준비하여 달걀물을 넣고 바게트를 양면을 적신다.
④ 랩을 씌워 냉장고에서 1시간(1일) 동안 스며들게 한다.
⑤ 프라이팬을 불에 올려 버터가 녹았을 때 달걀물이 밴 바게트를 올려 굽는다.
⑥ 약한 중불로 지그시 굽다가 좋은 느낌으로 눌은 자국이 나면 뒤집는다.
⑦ 양면이 구워지면 접시에 담아 취향에 따라 메이플 시럽이나 슈거파우더를 뿌려준다.
⑧ 볼에 생크림, 설탕을 넣고 거품을 올려준 후 바게트(식빵)에 첨가한다.

③ 휴일의 브런치 프렌치 토스트(French toast)

브런치 프렌치 토스트는 식빵을 달걀, 우유, 설탕을 넣은 물에 담갔다가 살짝 구워낸 것이다.

전날에 준비할 필요없이 간단하게 만들 수 있는 토스트이다. 프렌치 토스트는 슈거파우더, 메이플 시럽, 생크림을 곁들여 호화스러운 브런치로 만들어도 좋다.

재료(1인분)

바게트빵 1/4개
달걀 60g(1개)
우유 100g
설탕 15g
소금 3g
슈거파우더 5g

만드는 법

① 바게트빵을 2cm로 비스듬히 자른다(1개에서 8~10조각 기준).
② 달걀, 우유, 설탕, 소금을 볼에 넣고 ①의 용기에 부어준다(15~30분 냉장고에 재움).
③ 오븐 180℃로 3~5분간 굽는다. 굽기 전에 빵의 위아래를 뒤집는다.
④ 오븐으로 10분 정도 노릇노릇해질 때까지 굽는다.
⑤ 바게트빵을 자르는 요령은 끝부분을 크게 자르거나 세로로 반 잘라 달걀물이 쉽게 스며들도록 한다.

4 달걀 치즈 토스트

달걀 치즈 토스트는 브런치 제품으로 부피가 좋아 먹기 편하다.

식빵 1장   달걀 180g(3개)
우유 15g   소금 1~2g
후추 1~2g   버터 10g
슬라이스 치즈 20g(1장)   하프 베이컨 2장
햄 1장

만드는 법

① 사전 준비로 베이컨을 1cm 폭으로 잘라 팬에 볶는다.
② 달걀을 풀어주고 우유, 소금, 후추를 넣고 섞어 준다.
③ 식빵 슬라이스는 반으로 자른다.
④ 팬에 버터를 넣고 녹인다. 달걀물을 부어 넣고 굳기 전에 식빵 슬라이스를 담가 뒤집는다.
⑤ 식빵이 구워지면 달걀을 뒤집고, 반으로 자른 슬라이스 치즈를 빵 양쪽에 올린다.
⑥ 달걀을 안쪽에 두고, 빵을 반으로 나눈 다음 치즈를 가운데에 놓는다.
⑦ 접시에 꺼내면 완성이다.
⑧ 베이컨은 먼저 볶아서 달걀물과 섞어 구워준다.
⑨ 치즈와 함께 설탕(메이플 시럽) 5g, 술 7g 정도를 뿌려준다.
⑩ 굽기는 치즈를 올리면 반으로 자른 햄도 얹어 똑같이 굽는다.
   달걀→빵→치즈→햄 순서로 올린다.
   베이컨 볶음 달걀→빵→치즈 순서로 올린다.

⑤ 바게트 파인애플 크림치즈 토스트

바게트 파인애플 토스트는 휴일 아침에 따뜻한 파인애플 요리를 좋아하는 사람들을 위해 간단하게 만들 수 있는 아침 식사이다.

재료(1인분)

바게트(식빵 슬라이스) 1/4개
치즈 50g
크림치즈 50g
파인애플(통조림) 1장

만드는 법

① 바게트빵을 비스듬히 자른다(1개에서 8~10조각 기준).
② 바게트빵 위에 파인애플(1조각), 녹는 치즈, 크림치즈 순으로 토핑한다.
③ 오븐을 180℃에서 3~5분간 구워낸다.
④ 호두 토핑도 디저트적인 맛을 낼 수 있다.

6 참치 토스트

참치 토스트는 참치와 마요네즈를 조합하여 걸쭉하고 맛있는 치즈를 더해 일품 토스트로 마무리한다. 아침 식사나 점심 식사에도 좋으며 원하는 채소를 조합하여 만들 수 있다.

재료(1인분)

잉글리시 머핀 1개
참치 기름 35g
양파(1/4개) 20g
체다 치즈(슬라이스) 18g
마요네즈 8g
소금 1~2g
흑후추 1~2g
겨자 2.5g

만드는 법

① 잉글리시 머핀을 반으로 자른다.
② 오븐 220℃에서 2분간 굽는다.
③ 양파는 다진 다음 참치 기름에 절인 것에 소금, 후추, 겨자를 넣어 섞는다.
④ 잉글리시 머핀 2장에 겨자를 바르고 체다 치즈를 겹친 다음 오븐에서 3분 정도 굽는다.
⑤ 다른 한 장의 잉글리시 머핀을 올려 가볍게 누른다. 접시에 담아 완성한다.
    ※ 조미료는 취향에 따라 조절한다.

7 브런치, 점심 식사 볶은 메밀국수 빵과 달걀빵

메밀국수 빵과 달걀빵은 늦게 일어난 휴일의 브런치나 점심에 간단하게 볶아 먹으면 너무 맛있다.

휴일의 브런치로 볶은 메밀국수와 붉은 생강을 준비하여 아주 좋아하는 메밀빵과 달걀빵을 만든다.

재료(1인분)

롤빵 4개
메밀국수 1봉지
파래 5~10g
붉은 생강 5~10g
삶은 달걀 120g(2개)
소금 1~2g
후추 1~2g
마요네즈 15g
겨자 5g
파슬리 5g

만드는 법

① 달걀(냄비에 물, 달걀을 넣고 불에 올려 약 1분 정도)을 삶아 달걀 커터로 자른다.
② 달걀을 90도 돌려 자르면서 그릇에 넣고 다시 포크로 으깨면서 섞는다.
③ 메밀국수를 볶는다.
④ 빵에 칼집을 낸다.
⑤ 빵에 볶은 메밀국수를 올리고 파래, 붉은 생강, 달걀을 올리고 파슬리를 뿌려 완성한다.

8 마늘 마요 치즈 토스트와 메밀묵 이탈리안 샐러드 브런치

마늘 마요 치즈 토스트와 메밀묵 이탈리안 샐러드 브런치는 치즈나 쫄깃한 빵과 메밀묵 이탈리안 샐러드와 함께 먹고 싶을 때 적합한 브런치이다.

재료(1인분)

마요네즈 10~20g
다진 마늘(튜브) 10~20g
베이컨 1~2장
햄 1~2장
녹는 치즈 1~2장
허브 소금 1~2g
흑후추 1~2g
파슬리 1~2g

만드는 법

① 식빵 슬라이스에 마요네즈를 전체에 바르고 다진 마늘을 얇게 전체에 바른다.
② 베이컨이나 햄을 얹고, 녹는 치즈를 얹어 굽는다.
③ 구워지면 허브 소금, 흑후추, 파슬리를 약간 흔들어 완성한다.

9 메밀묵 이탈리안 샐러드

이탈리안 샐러드는 드레싱을 섞어 만든 채소와 버무려 완성하는 간단한 샐러드이다.
발사믹 식초의 맛과 메밀묵의 식감이 잘 어우러져 매우 맛있다.

재료(1인분)

메밀묵 150g
방울토마토 2개
햄 20g(2장)
베이비 리프 20g

[드레싱]
올리브오일 30g
발사믹 식초 15g
꿀 5g
소금 1~2g
흑후추 1~2g

만드는 법

① 메밀묵은 물기를 빼놓고 방울토마토는 꼭지를 따 놓는다.
② 방울토마토는 반으로 자른 다음 햄은 반으로 자르고 5mm 폭으로 자른다.
③ 그릇에 드레싱 재료를 넣고 고루 섞은 후 메밀묵에 ②를 넣고 섞는다.
④ 그릇에 베이비 리프를 담은 후 ③을 얹고 ①을 얹어 완성한다.

10 브런치 프렌치 토스트

브런치 프렌치 토스트는 프랑스 식재료를 즐길 수 있는 푸짐하고 달지 않은 프렌치 토스트(얇은 식빵 슬라이스 조각을 달걀, 우유, 설탕을 섞은 것에 담갔다가 살짝 구워낸 음식) 브런치이다.

커피나 맥주, 와인과 어울리는 식사 계통의 프렌치 토스트로 휴일에 느긋하게 보내는 브런치 시간에 좋다.

재료(1인분)

바게트빵(2cm 커트) 4개   달걀 60g(1개)
우유 150g   소금 5g
올리브오일 10g   무염버터 10g
스팸 3장   달걀 120g(2개)
치즈 20g   흑후추 1~2g

만드는 법

① 볼에 달걀, 우유, 소금을 넣고 잘 섞는다.
② 대각선으로 2㎝ 두께로 자른 바게트빵을 평평한 용기에 넣고 30분 이상 담가 둔다.
③ 달궈진 팬에 올리브오일을 두르고 바게트빵 양면을 가볍게 구운 후, 무염버터를 넣어 양면이 노릇노릇해질 때까지 더욱 굽는다.
④ 달걀 프라이를 구워서 스팸은 반으로 자른다.
⑤ 프렌치 토스트, 스팸, 달걀 프라이를 담고 위에 치즈를 뿌린다.
⑥ 올리브오일, 흑후추를 취향에 맞게 뿌리면 완성이다.

11 철판으로 즐기는 브런치

철판을 사용하면 평소 먹던 베이컨, 달걀과 토스트를 놀랄 정도로 맛있게 만들 수 있다.

재료(1인분)

식빵 슬라이스 1장   베이컨 2개
달걀 60g(1개)   채소 50~60g
올리브오일 20g

만드는 법

① 철판을 불에 올려 베이컨을 얹고 기름을 낸다.
② 기름이 별로 없다면 올리브오일을 적당히 더한다.
③ 기름을 철판 전체에 펼치도록 하고, 익기 어려운 채소→식빵 슬라이스·달걀→익기
　쉬운 채소의 순서에 얹어 간다.
④ 채소나 빵을 가끔 돌려주면서, 원하는 색조가 될 때까지 굽는다.
⑤ 접시에 담아낸다.

만들기 요령

구운 채소는 뭐든지 좋지만, 방울토마토는 제일이고, 고구마류와 뿌리 나물을 굽는 경우
는 얇게 썰거나 먼저 삶아 두면 좋다.
베이컨 대신에 햄이나 소시지를 사용할 때는 기름을 더해 준다.

이 배합의 성장 과정
후판 철판에 구우면 토스트나 베이컨 달걀을 놀라울 정도로 맛있게 만들 수 있어서 플레
이트로 브런치를 만드는 것을 생각한다.

12 달지 않은 프렌치 토스트

프렌치 토스트는 간편하면서도 우아한 브런치이다.

재료(1인분)

식빵 슬라이스 4조각
달걀(1개) 60g
우유 15g
소금 1~2g
버터 15g
설탕 2~3g

만드는 법

① 식빵은 가능하면 브리오슈 식빵을 사용한다.
② 두 그릇에 달걀, 우유, 소금을 섞은 다음 빵에 골고루 발라준다.
③ 프라이팬을 달구고, 버터를 녹여, 양면이 눌어붙을 때까지 굽는다.
  취향에 따라 설탕을 살짝 뿌려 달콤함을 조절한다.

만들기 요령

빵이 브리오슈처럼 부드러운 경우는 바르는 시간이 짧아서 좋은 아침 식사이다.

13 프렌치 토스트 몬테크리스트

프렌치 토스트에 치즈와 햄을 넣어 캐나다풍의 배합으로 브런치 등에 적합하다.

식빵 슬라이스 2장
슬라이스 치즈 2장
햄 2장
드라이 바질(파슬리) 3g

[달걀물]
달걀 1개
우유 50g
소금 1~2g
후추 1~2g

① 식빵에 치즈, 햄, 치즈, 햄 순으로 겹쳐 드라이 바질을 뿌린다.
② 다른 식빵을 슬라이스를 겹쳐 어슷하게 썬다.
③ 달걀물을 만들어 모든 재료를 넣고 섞는다.
④ 달걀물에 준비한 빵을 양면에 적신다.
⑤ 프라이팬에 버터(분량 외)를 펴서 달걀물에 담근 빵을 양면 굽는다.
⑥ 접시에 담아 완성한다.

14 프렌치 토스트 크로크무슈

프렌치 토스트 크로크무슈는 우아한 아침 식사 브런치에 좋다.

재료(1인분)

식빵 슬라이스 1조각
달걀 1개
우유 100g
설탕 5g
베이컨 2장
치즈 50g
식용유 10g
버터 10g
파슬리(건조) 5g
후추 1~2g

만드는 법

① 전날 식빵을 슬라이스하여 준비한다. 달걀은 잘 섞고 우유와 설탕을 더한다.
② 식빵 슬라이스에는 칼집을 넣어 둔다(굽기 전에 베이컨·치즈를 넣을 부분).
③ 전날 식빵 슬라이스를 ①에 다음 10분 후 뒤집는다.
④ 전날 식빵 4개를 냉장고에 넣어둔다.
⑤ 다음날 아침, 식빵 슬라이스에 달걀물이 제대로 스며들었는지 확인한다.
⑥ 빵 6조각에 베이컨과 치즈를 넣는다.
⑦ 팬에 얇게 식용유를 두르고 버터를 녹인다.
⑧ 빵을 덮어 뚜껑을 덮고 굽는다(약한 불로 3분). 뒤집고, 다른 면도 굽는다(약한 불로 3분).
⑨ 파슬리와 후추를 뿌려 완성한다.

15 참치 마요네즈 프렌치 토스트

폭신폭신한 식감의 프렌치 토스트에 하얀 색깔 참치마요네즈를 곁들여 식사용으로 만든다.
아침밥 브런치로 간편하게 만들 수 있다.

재료(1인분)

바게트빵 두 조각   달걀 1개
우유 60g   흰술 7g
물 7g   기름 7g

[참치 마요네즈]
참치캔 100g(1캔)   마요네즈 15g
소금 1~2g   큰 잎 2장
흰깨(섞어 토핑용) 10~20g

만드는 법

① 바게트빵을 약 3cm로 썬다.
② 달걀을 풀어 우유, 달걀흰자, 물을 넣고 섞는다.
③ 바게트빵을 나란히 놓고 달걀물이 전체에 스며들도록 5분 정도 담근다.
④ 참치마요는 참치캔, 마요네즈, 흰깨, 소금을 섞는다. 큰 잎을 채 친다.
⑤ 프라이팬에 기름을 두르고 약한 불에서 한쪽 면을 노릇노릇하게 약 3분 굽는다.
⑥ 모둠, 참치마요(적당량), 큰 잎, 흰깨를 토핑해서 완성이다.

만들기 요령

*약한 불로 천천히 구움으로써, 밖은 노릇노릇하고 깨끗한 구이, 속은 촉촉한 식감으로
*참치마요에 참치캔 국물을 조금 더하면 푸석푸석함을 방지하고 감칠맛도 그대로 들어간다.
*흰깨를 참치마요와 토핑에 모두 추가하여 더욱 고소함을 즐길 수 있다.

16 요구르트 프렌치 토스트

요구르트를 추가하여 풍미나 감칠맛이 증가한다. 적당히 달콤해서 아침 식사나 브런치에 좋다. 바게트가 맛있는 프렌치 토스트로 달콤하게 완성하지만, 샐러드와 소시지 등 소금기가 있는 것을 곁들여도 맛이 있다.

재료(1인분)

바게트빵 1/3개
달걀 1개
설탕 15g
요구르트 45g
우유 45g
버터 10g
바나나 1개
딸기 2개
민트 5g
요구르트 30g
메이플 시럽 5g

만드는 법

① 바게트빵은 원하는 두께로 슬라이스 한다.
② 볼에 달걀, 설탕, 요구르트, 우유를 섞어 달걀물을 만들고 ①을 넣고 양면을 뒤집으면서 30분 이상 담근다.
③ 프라이팬에 버터를 녹이고, ②를 넣고, 약한 불에서 노릇노릇해질 때까지 양면을 굽는다.
④ 취향에 따라 과일과 민트, 물기를 뺀 요구르트를 곁들이고 메이플 시럽을 뿌린다.

17 커피 향 프렌치 토스트

커피 향 프렌치 토스트는 인기 있는 브랜디 향이 풍부한 토스트로 휴일 브런치 메뉴로 좋다.

재료(1인분)

식빵 슬라이스 1장
버터 20~30g

[달걀물]
달걀 1개
우유 50cc
설탕 15g
브랜디 3~5g

[마무리용]
커피 스틱(설탕 포함) 1봉지
브랜디 7g

만드는 법

① 스틱커피와 제과용 브랜디를 사용한다.
② 달걀, 우유, 설탕을 풀어 달걀물을 만든다.
　※ 브랜디는 취향에 따라 첨가한다.
③ 식빵 슬라이스를 ②의 달걀물에 약 10분 담근다.
④ 팬에 버터를 넣고 중불에 올려 양면을 구우면 완성이다.
⑤ 마무리에 스틱커피 · 브랜디를 뿌려서 먹는다.

18 양파 치즈 토스트

볼륨이 있으면서 채소도 섭취할 수 있는 브런치 토스트로 부들부들하여 맛있다.

재료(1인분)

양파 1개
식빵 슬라이스 2장
마요네즈 20~30g
치즈 20~30g

만드는 법

① 양파는 얇게 썰고 뚜껑 또는 랩에 싸서 1분 동안 익혀준다.
② 식빵 슬라이스에 마요네즈를 골고루 바른다. 푸짐한 것이 더 맛있다.
③ 데친 양파를 올린다.
④ 녹는 치즈를 올린다.
⑤ 나머지는 토스터에 구우면 완성된다. 온도를 바꿀 수 있다면 낮추어 3~5분 구운 후
　고온에서 1~2분 굽는다.
⑥ 취향에 따라 흑후추나 케첩 등을 뿌려준다.
⑦ 전날 양파를 썰어 놓으면 좋다.
⑧ 1인분씩 랩에 싸서 가열할 수 있다.
⑨ 타기 쉬운 토스터의 경우 토스트 스티머를 사용하면 부드럽게 바삭하게 구울 수 있다.

19 비엔나 브런치

비엔나와 양배추가 들어있으므로, 아침이나 점심으로 좋다.

재료(1인분)

강력분 140g   설탕 5g
소금 1~2g   버터 30g
달걀 15g   물 75g
드라이 이스트 3g   양배추 100g
입겨자 1~2g   소금 1~2g
후추 1~2g   비엔나 소시지 4개
달걀물 50g

만드는 법

① 식빵 반죽을 만든다. 강력분, 소금, 달걀, 이스트, 설탕, 물, 버터를 넣고 반죽을 믹싱
   한다. 반죽을 발효실에 넣고 50~60분간 발효를 시킨다.
② 양배추를 채 썰어 오븐에 2분간 가열한다. 식으면 머스터드와 소금, 후추로 맛을 낸다.
③ 비엔나소시지를 세로 반으로 잘라, 가볍게 오븐으로 가열해 둔다.
④ ①의 반죽은 가스를 빼고 4개로 분할한다. 다시 둥글게 만 다음 아래로 하고 젖은
   행주를 걸어 10분 중간발효를 한다.
⑤ 닫힌 눈을 위로 하여 면봉으로 18×10cm 정도의 직사각으로 한다(면봉의 절반 정도).
⑥ 반죽을 중앙 3cm 정도 남기고, 비스듬히 칼집을 낸다(되도록 좌우 대칭으로).
⑦ 반죽을 중앙에 ②의 양배추, 비엔나의 순서로 올린다.
⑧ 좌우의 천을 교대로 접고, 마지막은 손으로 집어서 철한다.
   *⑤~⑧를 4개 만든다.
⑨ 쿠킹 시트를 친 상판에 정렬하고, 랩+젖은 행주를 두르고 2차 발효를 40℃로 5분
   동안 한다(한 단계 커질 때까지).
⑩ 발효가 끝나면 표면에 바름으로 달걀을 바르고 50℃로 9~10분 동안 굽는다.

어린아이는 입겨자를 빼고 양배추 아래에 케첩을 발라도 맛있다.

이 배합의 성장 과정
달지 않은 빵이 먹고 싶으면 설탕 첨가물을 줄인다.

⑳ 연어와 코티지 치즈 토스트

연어와 코티지 치즈를 얹기만 하면 되는 간단한 것으로 휴일의 조식이나 브런치에 사용된다.

누구나 쉽게 만들 수 있으며 무 대신 딜, 청파, 아보카도를 올려주어도 아주 맛이 있다.
이탈리안 레스토랑의 '연어와 크림치즈 피자'를 이미지화하여 만든다.

재료(1인분)

식빵 슬라이스 1장
연어(슬라이스) 4~5 조각
코티지 치즈 30~50g
버터 10~20g
아무리(취향으로) 조금
카이레다이네(오코노미야코) 5~20g
흑후추 1~2g
소금 1~2g

만드는 법

① 식빵은 토스트하고 버터를 바른다.
② 식빵에 연어를 깔아 준다.
③ 코티지 치즈를 골고루 얹는다.
　※ 코티지 치즈는 포크를 사용해 용기에서 직접 꺼내면 간단하게 올려진다.
④ 취향으로 카이레다이네를 뿌린다. 흑후추와 소금을 뿌려 완성이다.

㉑ 라자니아풍의 홀리데이 브런치 토스트

미트소스 · 화이트소스 · 치즈의 토스트이다.

재료(1인분)

빵 1장
미트소스 15g
화이트 소스 15g
믹스치즈(피자용) 30~50g

만드는 법

① 남은 미트소스를 사용한다.
② 화이트 소스를 만들어 냉동 중이므로, 툭 부러뜨리고 우유로 펴서 미트 소스 위에 뿌린다.
③ 치즈를 찰랑찰랑하게 올려 오븐에 굽는다.
④ 치즈가 걸쭉하다는 느낌이 들도록 만든다.
⑤ 치즈와 요구르트를 곁들여 먹으면 좋다.

만들기 요령

볼륨도 있고 아침부터 맛있는 생활

이 배합의 성장 과정
3가지 재료를 모아보았다.

22 연어의 아라노야키연어7로 연어 멜트

오늘의 브런치는 연어 멜트에서 아틀란틱연어의 연어를 올리고 멸치 티백도 더하여 맛을 낸다.

재료(1인분)

식빵 슬라이스 6장
핫오일 10~20g
마요네즈 10~20g
녹는 슬라이스 치즈 2매
아틀란틱 연어구이 약 70g
멸치 티백 10~20g

만드는 법

① 식빵의 바깥쪽에는 핫오일을, 안쪽에는 마요네즈를 발라 둔다.
② 살살 녹는 슬라이스 치즈를 배치한다.
③ ①의 식빵 슬라이스에는 연어 알구이 연어 7을 올린다.
④ 그 위에 멸치 티백을 얹어 놓는다.
⑤ 따뜻하게 해 둔 핫 샌드 메이커에 슬라이스 1매를 올려 놓고 이어 두 번째 슬라이스도 올린다.
⑥ 핫 샌드 메이커를 적절히 조절하여 식빵 슬라이스의 바깥면이 옅은 갈색이 되면 완성이다.

㉓ 바질 베이컨 핫 샌드

바질과 베이컨 향이 입안에 퍼지는 아침 식사, 브런치 등과 어울리는 핫 샌드이다.

재료(1인분)

식빵 슬라이스 1장
하프베이컨 8장
바질 8장
슬라이스 토마토 3장
양상추 1장
삶은 달걀 1.5개
올리브오일 10~20g
치즈 30~40g
마요네즈 15g
소금 1~2g
후추 1~2g

만드는 법

① 달걀을 삶는다. 그 사이에 토마토를 5~8mm 정도로 썰어둔다.
② 팬에 올리브유를 두르고 프라이팬이 달궈지면 베이컨, 바질을 넣고 볶는다.
③ 베이컨이 노릇노릇해지면 불을 끈다.
④ 식빵에 마요네즈를 바르고 다른 빵에는 녹는 치즈를 골고루 얹는다.
⑤ 토스터로 노릇노릇해질 때까지 굽는다. 이 사이에 삶은 달걀을 3~4mm 두께로 둥글게 썰어 놓는다.
⑥ 빵이 구워지면 마요네즈를 바른 쪽을 토대로 삶은 달걀을 얹고 소금, 후추를 뿌린다.
⑦ ⑥ 위에 바질베이컨→토마토→상추 순으로 올린다.
⑧ 마지막으로 녹는 치즈 쪽이 재료 쪽으로 향하도록 빵을 1장 더 얹어 완성한다.
⑨ 자를 때는 한 번 손으로 전체를 누르고 다른 한 손으로 빵을 위에서부터 누르면서 자른다.

① 자를 때는 빵 썰기 칼을 사용하거나, 일반 칼의 경우 단번에 자르면 단면이 깨끗하고
또한 재료도 튀어 나오지 않는다.
② 알루미늄 포일이나 쿠킹 시트로 싸면 먹기 편하다.
③ 휴일로 일어나는 시간이 늦어서, 브런치라고 생각해서 만든다.
④ 그냥 베이컨이 아니라 바질과 볶음으로써 바질 특유의 향을 풍부하게 한다.

재료(1인분)

식빵 슬라이스 1장
달걀 1개
마요네즈 15g
소금 1~2g
후추 1~2g
냉동 콘 20~30g
슬라이스 치즈 1장
올리브오일 5g

만드는 법

① 프라이팬을 약한 불로 가열해 둔다. 달걀말이 팬이 알맞다.
② 달걀, 마요네즈, 소금, 후추를 잘 풀어 섞는다.
③ 냉동 콘을 넣어 혼합해 둔다.
④ 빵을 안쪽 1cm 부분에서 오려낸다.
⑤ 데워둔 팬에 올리브오일을 넣고 빵틀을 놓는다. 불의 조절은 중불에 가까운 약한 불로 한다. 빵이 구워지면 달걀물을 붓고 옥수수가 골고루 퍼지도록 한다.
⑥ 치즈를 놓는다.
⑦ 도려낸 식빵 슬라이스를 테두리 안에 둔다. 이때 누르면 달걀물이 넘치므로 누르지 않는다.
⑧ 5분 정도 구운 후 구워진 정도를 확인한다. 구운 식빵 슬라이스의 테두리 부분이 바삭바삭하면 뒤집어 준다. 뒤집으면 꽉 눌러 식빵 슬라이스 두께와 같게 한다. 뒷면을 3분 정도 구워 완성한다.

25 미국 시금치와 달걀★일품 토스트

주말 브런치에 정원 테라스에서 먹는 알프레드 소스가 빵과 찰떡궁합인 정말 맛있는 오픈 토스트이다.

재료(1인분)

빵(슬라이스) 1장　　　　　치즈 20~50g
시금치 20~30g　　　　　　버섯 10~20g
올리브오일 10~20g　　　　알프레드 소스 15g
우유 15g　　　　　　　　　반숙 달걀 프라이 1개
소금 1~2g　　　　　　　　후추 1~2g
갈릭 파우더 1~5g

[장식]
해바라기나 파슬리 조금

만드는 법

① 어디서나 파는 병에 담긴 알프레드 소스를 사용한다.
② 우선 분량의 알프레드 소스와 우유를 섞어서 잘 저어 놓는다.
③ 좋아하는 빵에(사진은 영국빵) 치즈를 올리고 치즈가 녹을 때까지 토스터에 굽는다.
④ 버섯을 소금, 후추, 마늘가루로 양념하고, 노릇노릇해질 때까지 올리브오일에 볶는다.
　 시금치를 투입 후 소스도 넣는다.
⑤ 소스가 부글부글 끓을 때까지 잘 섞어서 익힌다.
⑥ 토스터로 구운 빵을 접시에 얹고 그 위에 듬뿍 뿌린다.
⑦ 작은 팬으로 반숙 달걀 프라이를 만든다.
⑧ 반숙 달걀 프라이가 만들어지면 그것을 얹어서 완성한다.

양송이버섯은 눌어붙을 정도로 볶으면 맛있다. 달걀은 반숙이 최선이다.

★빵은 기본 뭐든지 괜찮지만 얇게 썰어 든든한 하드계 빵이 좋다.

　기호에 따라 다진 양파도 넣어도 OK

★포크와 나이프를 사용해 먹는다.

26 치즈 달걀 브런치 토스트

간단하게 만들 수 있는 메뉴로 굽는 시간이 조금 걸리지만, 충분히 볼륨이 있어서 좋다.

재료(1인분)

식빵 슬라이스 1장
피자 치즈 30~50g
달걀 1개
소금 1~2g
후추 1~2g

만드는 법

① 토스트를 살짝 굽고, 가운데를 눌러 달걀 주머니를 만든다.
② 주머니를 감싸듯이 피자 치즈를 식빵 슬라이스에 뱅글뱅글 넉넉히 얹어 달걀둑을 만든다.
③ 날달걀을 주머니에 넣고 소금과 후추를 뿌려 포일을 밑에 깔고 토스터로 굽는다.
④ 도중에 달걀에 구멍을 뚫어 조금 헐어준다.
⑤ 달걀, 치즈의 구워진 상태를 보고 포일을 추가하거나 주의한다.

27 블루베리 잼 토스트+크리치

브런치에 블루베리 잼&크림치즈 토스터 간식으로도 좋다.

재료(1인분)

블루베리 잼 10~30g
식빵 슬라이스 1장
크림치즈 15g
설탕 10~15g

만드는 법

① 실온 상태의 크림치즈(or 바르는 타입의 크림치즈)를 식빵 슬라이스에 바른다.
② 블루베리 잼을 얹고 취향에 따라 설탕을 뿌린다.
③ 토스터나 오븐에 5~6분 구우면 완성, 가정의 토스터나 오븐에 맞춰서 굽는 시간을 조절한다.

만들기 요령

크림치즈와 잼을 발라서 올려놓고 굽기만 하면 된다. 가정의 토스터나 오븐에 맞춰 굽는 시간을 조절한다.

이 배합의 성장 과정
대량으로 만든 블루베리 잼 소비의 한 종류이다.

㉘ 치즈 카레 토스트

식빵 슬라이스에 걸쭉한 치즈와 함께 푸짐한 토스트로 푸짐한 아침식사, 브런치가 제격이다.

재료(1인분)

콩고기 키마 카레 1/2분량
식빵 슬라이스(4장 자르기) 2장
녹는 치즈 30g

만드는 법

① 이 배합에서는 키마 카레의 '콩고기 키마 카레'를 사용한다.
② 식빵 슬라이스에 콩고기 키마 카레, 녹는 치즈를 얹어 토스터로 노릇노릇해질 때까지 굽는다.

만들기 요령

'콩고기 키마 카레'는 두꺼운 토스트에 얹는 것과 카레와 빵의 균형이 잘 잡혀 좋다. 식빵 슬라이스 이외에도 코페빵이나 롤빵 등에 끼워 도시락으로 가져가는 것도 추천할 만하다.

이 배합의 성장 과정
'콩고기 키마 카레'를 사용한 배합이다. 채소의 단맛이 녹아든 키마 카레가 걸쭉한 치즈와 찰떡궁합이다. 폭신폭신한 토스트에 올려놓으면 포만감도 만점이다.

29 아보카도와 샐러드 치킨 토스트

아보카도와 샐러드 치킨을 얹은 토스트로 휴일의 브런치이다.

재료(1인분)

아보카도 50~100g   샐러드 치킨 1/2~1개
식빵 슬라이스 2장   소금 1~2g
후추 1~2g   마요네즈 약 15g
간장 약 5g   버터(마가린) 10~20g

만드는 법

① 아보카도, 샐러드 치킨을 네모나게 썬다.
② ①에 재료를 모두 넣고 섞는다.
③ 빵에 버터를 바르고, ②를 올리고, 마요네즈를 뿌린다.
④ 굽는 색이 될 때까지 몇 분 동안 토스트를 해서 완성한다.
⑤ 식빵 슬라이스가 바삭바삭한 쪽을 좋아하면 건더기를 얹기 전에 가볍게 토스트를 하
   면 된다.

만드는 법

섞어서 얹어서 구우면 끝이다.

이 배합의 성장 과정
아보카도를 발견한 휴일에 집에 있는 것으로 맛있는 토스트를 만들어 보았다.

30 조식 · 브런치에 햄달걀 토스트

오븐도 토스터도 없이 프라이팬으로 만든 반숙란이 걸쭉하고 맛있다.

재료(1인분)

식빵 슬라이스 1장
햄(베이컨) 1장
슬라이스 치즈 1장
간장(취향) 3~5g
기름 3~5g
달걀 1개
흑후추 1~2g

만드는 법

① 토스트를 굽는다(토스터가 없으면 요령 · 포인트 참조).
② 그 사이에 햄달걀을 만든다(테프론이 실패하지 않습니다).
③ 햄달걀의 흰자가 굳어지면 노른자를 덮도록 슬라이스치즈를 씌워 잠시 방치한다(뚜껑은 필요없다).
④ 토스트가 구워지고 햄달걀 치즈가 녹으면 토스트 위에 햄달걀을 올린다.
⑤ 취향에 따라 간장을 소량 떨어뜨린다(치즈의 염분이 있으므로 너무 많이 뿌리지 않도록 주의).

만드는 법

달걀 프라이는 반숙을 추천한다. 치즈를 씌우면 노른자가 잘 내려지지 않는다(사진은 흰자와 노른자를 가른다). 토스터가 없는 분은 생선구이 그릴의 상판에 알루미늄 포일을 깔아 한쪽 면씩 중간불에서 구워준다.

푹신푹신한 프렌치 토스트 휴일 브런치

식빵 슬라이스를 사 두면 휴일의 브런치에 마음이 편하다.

재료(1인분)

식빵 슬라이스 4장   달걀물 100g
달걀 2개   우유 100cc
설탕 15g   버터 10~20g
컵매시 포테이토 100g   감자 1개
소금 후추 1~2g   닭뼈 수프 5g
우유 15g   슬라이스 치즈 1장
햄 2장   파슬리 1~2g

만드는 법

① 달걀물을 만들고 식빵 슬라이스을 반으로 자른 후 접시에 놓고 달걀물을 뿌려 양면 적신다. 랩을 하고 냉장고에 하룻밤 재운다.
② 곁들일 컵매시 포테이토를 만든다. 감자의 껍질을 벗겨, 각지게 cm 단위로 자른 후 물에 담가 실리콘스티머에 넣는다.
③ 채소 코스에서 데운 후, 볼에 넣고 소금 후추, 닭뼈 수프의 소와 우유를 넣고 양푼에 으깬다.
④ 알루미늄 컵 8호에 4군데 칼집을 넣은 햄을 두어 그 위에 매쉬 포테이토를 넣는다.
⑤ 슬라이스 치즈를 뜯어 그 위에 얹고 토스터로 5분 정도 노릇노릇하게 구워지면 파슬리를 뿌린다.
⑥ 프렌치 토스트를 냉장고에서 꺼내 프라이팬에 30초 정도 익혀준다. 팬에 버터를 넣고 불을 붙인 후 빵을 투입한다.
⑦ 노릇노릇하게 구워지면 반대로 뚜껑을 덮고 약한 불에서 굽는다.
⑧ 뚜껑을 열고 깨끗이 하여 접시에 꺼낸다. 채소 등을 곁들임과 함께 담아 완성한다.

㉜ 핫 샌드위치

휴일의 브런치 파티에서 친구와 함께 여러 가지 재료를 끼워 토스트를 만들어 먹으면 즐겁다.

재료(4인분)

빵(샌드위치용 등) 10장　　　아보카도 1/2개
새우 3~4마리　　　　　　　삶은 달걀 1개
새싹 1/2팩　　　　　　　　햄 1장
치즈 100g　　　　　　　　훈제 연어 3장
크림치즈 50g　　　　　　　참치캔 1/2개
애호박 1/2개　　　　　　　소금 1~2g
후추 1~2g　　　　　　　　마요네즈 10~20g
버터 10g

만드는 법

① 샌드위치 재료는 되도록 수분이 적은 것을 선택한다.
② 원하는 빵을 준비한다(저자는 항상 직접 만든 잉글리시 머핀을 반으로 잘라 사용한다).
③ 핫 샌드위치 메이커에 빵을 올리고 각각의 재료를 굽는다(소금, 후추로 간한다).
④ 아포카도는 슬라이스하고 새우는 삶는다.
⑤ 삶은 달걀로 잘게 썰고 새싹은 뿌리를 잘라 둔다.
⑥ 햄과 치즈를 얹고
⑦ 연어와 크림치즈를 올리고
⑧ 참치는 마요네즈로 버무리고 애호박은 얇게 썰어 굽는다.
⑨ 구워진 핫 샌드위치를 1/2 또는 1/4로 자른다.

빵은 샌드위치용 빵이라도 맛있다.

건더기를 끼우는 빵의 표면(안쪽)에 버터를 얇게 바른다.

여러가지 재료를 준비하고, 모두 둘러앉아 토스트를 즐겁게 만든다. 오픈 샌드위치 파티
도 좋다.

33 피자 토스트 브런치

간단하게 피자 풍미를 맛볼 수 있는 피자 토스트로 조금 배가 고플 때라도 좋다.

재료(1인분)

식빵 슬라이스 1장　　　　양파 약간(1/8개 정도)
피망 약간(1/6개 정도)　　베이컨 1장
피자 소스 10~30g　　　　치즈 10~20g

만드는 법

① 식빵 슬라이스 전면에 피자 소스를 골고루 바른다.
② 소스를 바른 후 잘게 썬 양파, 베이컨, 피망을 함께 올린다.
③ 치즈를 듬뿍 올려 오븐에서 5분 정도 구우면 완성이다.

34 간단 샌드위치 조식 브런치 점심

재료만 준비하면 간단하게 만들 수 있는 브런치풍 샌드위치이다.

재료(1인분)

건포도 버터롤 4개
양상추장 6장
오이 슬라이스 1/2개
방울토마토 슬라이스 4개
슬라이스 햄 4장
마요네즈 10~30g

만드는 법

① 필링물 재료를 준비한다. 양상추를 씻어 먹기 좋은 크기로 자른다.
② 오이는 어슷썰기 한다.
③ 방울토마토는 1/3로 자른다.
④ 롤빵에 세로 칼자국을 낸다.
⑤ 양상추 · 오이 2장 · 슬라이스 햄(감아) · 방울토마토를 넣는다.
⑥ 마요네즈를 적당량 바른다.
⑦ 접시 등에 2개씩 올려놓는다.

35 휴일 브런치 · 베이글 프렌치 토스트

간단하게 만들어 먹는 베이글 토스트로 멋진 휴일을 보낼 수 있다.

재료(1인분)

베이글 1개
우유(두유) 100cc
베이글 1개

달걀 1개
설탕 15g
버터(마가린) 적당량

[토핑*(취향에 따라)]
바나나 1개
꿀 적당량

생크림(휘핑) 적당량
민트 적당량

만드는 법

① 달걀물의 재료를 미리 섞는다.
② 큰 그릇 또는 봉투류를 사용한다.
③ 베이글에 물을 살짝 적신다.
   *수돗물에 잠깐 스치기만 하면 OK
④ 물기를 털어준다.
⑤ 오븐에 굽는다.
⑥ 달걀물에 따뜻한 베이글을 담근다.
   이때 숟가락으로 베이글을 약간 누르듯이 여러 번 담근다.
   자루라면을 비빈다.
   걸쭉한 프렌치 토스트를 좋아하시는 분은 하룻밤 담가 놓으면 더욱 좋다.
⑦ 베이글이 달걀물을 확실히 빨아들이면 팬에 넉넉한 버터를 넣고 가열 중 약한 불에서
   굽는다.
⑧ 골고루 굽는다. 전체가 구워지면 중불로 하고 표면을 바삭하게 구워지면 완성이다.

「빵 배합」 파니니

아침 식사나 브런치에도 밖에서 먹으면 조금 비싼 파니니를 좋아하는 재료를 넣어도 좋다.

재료(2인분)

강력분 가루 500g
드라이 이스트 15g
설탕 40g
소금 5g
물 130cc
올리브오일 45g
햄 6장
치즈 6장
흑후추 1~2g

만드는 법

① 밀가루, 드라이 이스트, 설탕, 소금을 그릇에 넣고 잘 섞는다. 물을 피부 온도 정도로 따뜻하게 데워 올리브오일과 그릇에 넣고 섞는다.
② 반죽을 반죽하여 한 덩어리가 되면 반죽을 이등분하여 랩을 씌우고 보온 50도에서 5분 정도 발효하여 반죽 크기가 2배 정도가 되도록 만든다.
③ 반죽을 2장 얇게 펴서 1겹의 반죽에 햄이나 치즈 후추를 뿌리고 두 번째 반죽을 올려 끝을 손가락으로 눌러 붙인다.
④ 달군 팬에 기름(분량 외)을 두르고 약한 불에서 5분 정도 노릇노릇하게 굽고 뒤집어 뚜껑을 덮어 노릇노릇해질 때까지 구워 완성한다.

③37 포테살라&치즈 토스트

휴일 날의 브런치에 포테살라&치즈토스트는 간단 드레싱 하나로 맛있는 양념을 만들 수 있다.

재료(1인분)

감자 중간크기 1개
오일+소금 드레싱 5g 정도
오이 1/4개
햄 1장
삶은 달걀 1개
콘 15g
식빵 슬라이스 1장
슬라이스 치즈 1장
건조 파슬리 1~2g

만드는 법

① 오이는 얇게 썰고 소금에 절인다.
　 냉동 콘은 전자레인지에서 40초 가열한다.
　 삶은 달걀은 굵게 다진다.
　 햄은 1cm로 사각썰기 한다.
② 감자는 껍질을 벗겨 잘라 내열용기에 물을 조금 넣고 랩을 씌워 오븐에서 5~6분 부드러워질 때까지 가열한다.
③ 여분의 수분을 버리고, 머서 등으로 으깬다.
④ 감자에 오일+소금 드레싱을 넣는다.
⑤ 추가로 삶은 달걀, 햄, 오이, 콘을 넣어 섞는다.
⑥ 빵에 버터를 바르고 슬라이스 치즈를 올려 토스트 한다(건포도빵을 사용했다).
⑦ 치즈토스트에 감자 샐러드를 올린다.
⑧ 8가지 색으로 건조 파슬리를 흔들어 준다.

달걀은 취향에 따라 달걀 프라이로 해서 위에 올려도 좋다.
반숙 달걀 프라이로 해서 먹을 때는 치즈의 염분도 있지만, 케첩을 뿌려도 좋다.

이 배합의 성장 과정
드레싱에 단맛, 식초와 맛소금, 마늘, 후추 등 양념이 듬뿍 들어있기 때문에 드레싱 하나
로 맛있는 간단 감자튀김이 되었다.

38 아스파라거스의 토스트

휴일의 브런치로 아스파라거스 토스트는 간편하게 만들어 먹을 수 있다.

재료(1인분)

식빵 슬라이스(5장짜리) 1장
마가린 10~20g
삶은 달걀 1개
마요네즈 15g
참치캔(소) 1/3
아스파라거스 한 병
케첩 10~20g
굵게 간 흑후추(취향에 따라) 1~2g
슬라이스 치즈 1장

만드는 법

① 삶은 달걀은 함께 숟가락으로 으깨준다.
② 아스파라거스는 뿌리 부분의 딱딱한 부분은 필러로 벗겨 어슷하게 썰어 달걀과 함께 살짝 데쳐 물기를 뺀다. 참치는 꼭꼭 눌러 오일을 빼준다.
③ 식빵 슬라이스에 얇게 마가린을 발라 ①을 펼쳐놓고 참치를 사이에 흩어놓는다. 굵게 다진 후추를 약간 뿌리고 케첩을 뿌린다.
④ 아스파라거스를 뿌리고 치즈를 뜯어서 흩어준다.
⑤ 오븐으로 노릇노릇하게 굽는다.

아스파라거스는 너무 삶지 않는 것이 아삭아삭하고 달콤하며 맛있다.

이 배합의 성장 과정
휴일 늦은 아침밥으로 좋다.

39 채소를 먹는 토스트

휴일에 채소가 들어간 브런치 토스트를 만들어 먹는 것을 추천한다. 양송이 버섯에서 나오는 수프가 생각보다 맛있다. 잎새버섯으로 만들어도 좋다.

재료(1인분)

녹는 치즈 1장
식빵 슬라이스 1장
올리브오일 10~20g
토마토 1/2개

버섯 1개
후추 1~2g
작은 잎 1~2장

만드는 법

① 슬라이스 빵을 사용한다.
② 빵에 토마토를 바삭바삭 문지른다. 빵 표면이 살짝 빨개지면 OK. 빵이 질척거리면 맛이 없다.
③ 빵에 녹는 치즈를 1장 얹는다.
④ 양송이버섯은 3~5㎜ 정도로 얇게 썰고, 나머지 토마토도 1㎝ 정도로 썰어 치즈 위에 얹는다.
⑤ 작은 잎 1~2장을 올린다.
⑥ 후추, 올리브오일을 뿌리고 토스터로 3분 정도 치즈가 녹을 때까지 구워 완성한다.

만들기 요령

슬라이스 빵에 냉장고에 남은 재료로 아침을 만들어 먹을 수 있다.

40 **사치스럽게 달걀 베네딕트**

휴일 브런치에 만들어 먹기 좋다. 사치스럽게 머핀에 달걀과 소스를 올려 만든다.

만드는 법

① 소스는 노른자에 물을 넣고 중탕하여 4분 정도 섞은 후 굳으면 버터를 조금씩 넣어
소금, 후추로 간한다.
② 냄비에 물을 끓이고 식초를 더해 젓가락을 휘저어 대류를 만들고 소용돌이의 한가운
데에 달걀을 깨서 넣은 만큼 가열한다. 물에 담가 물기를 뺀다.
③ 잉글리시 머핀과 베이컨을 토스터로 5분 동안 굽는다.
④ 토스트한 잉글리시 머핀을 겹쳐 베이컨, 파우치드 달걀을 올리고 홀랜다이즈 소스를
뿌리면 완성된다.

만들기 요령

노른자가 굳어지기 시작하는 온도인 65~70℃보다 약간 높은 온도에서 중탕하면 걸쭉
한 소스가 깔끔하게 마무리된다.

이 배합의 성장 과정
특별한 재료는 사용하지 않으니 시간 여유가 있으면 꼭 만들어 보는 것을 추천한다.

41 식빵 슬라이스 간편한 파니니

휴일의 브런치에 편리한 파니니는 하이킹이나 꽃놀이 등에도 잘 어울린다.

재료(4인분)

식빵 슬라이스 4장
그린 양상추 4장
토마토 1개
치즈 1~2장
레드 어니언 1/2개

만드는 법

① 채소나 치즈는 적당한 크기로 썬다. 재료를, 식빵 슬라이스 사이에 좋아하는 재료를 올린다.
② 파니니 토스터로 노릇노릇하게 구워지는 정도까지 미리 압박을 해 둔다.
③ 구워지면 4등분한다.
④ 랩으로 싸서 하이킹이나 꽃놀이 등에도 가지고 갈 수 있다.

만들기 요령

양상추는 잘게 썰어야 먹기 좋다. 강하게 프레스해서 노릇노릇하게 구워준다.

이 배합의 성장 과정
유럽 공항에서 먹었던 파니니를 재현한 것으로 생각보다 배가 더 부르다.

42 카페풍 프랑스 빵의 프렌치 토스트

푹신푹신한 프렌치 토스트 카페풍으로 아침식사로 휴일의 브런치에 추천한다.

재료(1인분)

프랑스 빵 4조각
달걀 1개
우유 10cc
마스카르포네 치즈 15g
꿀 15g
버터 10g
과일 적당량
슈거파우더 5~10g
과일소스 10~20g

만드는 법

① 우유에 마스카르포네를 넣고 잘 섞는다.
② 그다음 꿀과 달걀을 넣고 더 잘 섞은 후 프랑스 빵에 넣는다.
③ 프랑스 빵을 1시간 이상 냉장고에서 재운다.
④ 팬에 버터를 넣고 재워둔 프랑스 빵을 꺼내 두 쪽을 노르스름하게 굽는다.
⑤ 그릇에 원하는 과일을 담고 슈거파우더과 과일소스를 뿌리면 완성이다.

만들기 요령

마스카르포네 치즈를 넣으면 풍미가 좋아집니다.

㊸ 호박 샐러드 브런치 샌드위치

호박의 단맛, 겨자의 신맛, 햄의 짠맛으로 맛있게 저염이다.
'저염&채소를 먹자 캠페인'에서 만든 배합으로 채소가 듬뿍, 염분을 적게 먹어도 맛있게 먹을 수 있다.

재료(1인분)

식빵 슬라이스 1장   호박 80g
양파 10g   당근 10g
오이 10g   양상추 2장
마요네즈 15g   슬라이스 햄 1장
겨자 15g

만드는 법

① 호박은 오븐에 넣고 껍질이 붙어 부드러워질 때까지 가열한다.
② 양파는 얇게 썰어서 물에 불린다. 오이는 둥글게 썬다.
③ 당근은 썰어서 부드러워질 때까지 오븐에 가열한다.
④ 볼에 ①~③과 마요네즈를 넣고 잘 섞는다.
⑤ 빵을 오븐으로 2분간 굽는다.
⑥ ⑤의 구운 빵에 겨자를 바른다.
⑦ 양상추와 햄을 빵에 차례로 올리고 ④의 호박 샐러드를 가운데에 올린다.
⑧ 자르면 완성이다.

아침밥이랑 브런치에 간단한 핫 샌드위치

간단히 만들 수 있는 핫 샌드위치
아침 식사나 브런치 같은 것은 어떻습니까?

재료(1인분)

식빵 슬라이스(6장짜리) 1장
달걀 1개
햄 1장
마요네즈 10~20g

만드는 법

① 한 끼 빵을 반으로 자르고 마요네즈를 바른다.
② 푼 달걀을 팬에 부어 굽고 접시 위에 꺼내 놓는다.
   *반숙이거나 완숙이라도 취향에 따라 OK이다.
③ 마요네즈를 바른 면을 아래로 하고 약간 구우면 일단 꺼내어 햄과 달걀을 올린다.
④ 빵의 양면이 노릇노릇해지면 완성이다.
⑤ 치즈를 넣을 때는 치즈면을 아래로 해서 조금 녹이면 맛있다.

만들기 요령

안에 넣을 건더기는 취향에 따라 준비한다.
치즈나 아보카도, 베이컨 등 여러가지 시도해 보자.
케첩을 달걀과 햄 사이에 끼워넣어도 맛있을거라고 생각한다.
핫 샌드를 먹고 싶지만 핫 샌드 메이커로 만드는 것은 귀찮아…
프라이팬으로 만들면 간편하고 간단하다고 생각된다.

45 감자 샐러드와 참깨 토스트

감자 샐러드와 참깨 토스트는 고소하고 담백하며 브런치로 적합하다.

재료(1인분)

슬라이스 빵 1장
감자 샐러드 100g
마요네즈 10~20g
참깨 5g
파래 10g

만드는 법

① 슬라이스 빵에 감자 샐러드를 얹고 노릇노릇하게 굽는다.
② 마요네즈, 참깨, 파래김을 뿌려 완성한다.

만들기 요령

감자 샐러드 대신 감자 튀김으로도 가능하다.

46 감자 샐러드 건더기 샌드위치

빵에 감자 샐러드 건더기를 올린 브런치로 맛있는 부피감이 있는 샌드위치이다.

재료(1인분)

식빵 슬라이스 4장   양배추 1/8개
베이컨 3장   달걀 2개
슬라이스 치즈 2장   크로켓 2개
버터 10~20g   마요네즈 10~20g
소스(돈가스) 적당량   식용유 10~20g

만드는 법

① 재료를 준비한다. 양배추는 채로 썰어서 살짝 볶는다.
② 크로켓은 토스터로 데운다. 데움으로써 여분의 기름을 제거한다.
③ 달걀 프라이를 굽는다.
④ 기름을 두른 프라이팬을 달구어 달걀을 떨어뜨린다.
⑤ 노른자를 으깨서 납작하게 만들고 양면을 굽는다
⑥ 구운 달걀 프라이에 슬라이스 치즈를 달걀에서 떼어내듯이 올려준다.
⑦ 뚜껑을 덮고 불을 끄고 잔열로 치즈를 녹이고 베이컨을 굽는다.
⑧ 빵을 준비한다. 빵은 랩으로 감싸기 때문에 랩을 펼치고 그 위에 빵을 놓는다.
⑨ 버터 바른 빵에 양배추를 올리고 마요네즈를 바른다. 그 위에 크로켓을 올리고 소스를 뿌린다.
⑩ 그 위에 베이컨, 그 위에 달걀 프라이를 올린다. 빵으로 뚜껑을 덮고 랩으로 싼다.
⑪ 랩마다 반으로 잘라서 완성한다.

만들기 요령

랩을 통째로 자름으로써 건더기가 튀어 나와 무너지는 것을 방지한다.
나는 이 요리법을 바탕으로 집에서 샌드위치를 만들면 간단하다.

47 럭셔리 샌드위치

럭셔리 샌드위치를 만드는 방법은 간단하다.

축하파티에 푸짐한 샌드위치는 어떠세요? 집기만 하면 되는 간단한 배합이므로 직접 조절하여 좋아하는 것을 채워 넣고 최고의 축하로 딱 맞는 샌드위치를 만든다. 간단한 점심시간에도 좋다.

재료(1인분)

식빵 슬라이스 1장   보라양파 1개
경수채 50g   당근 1개
올리브오일 7g   허브 소금 5g
달걀 1개   소금 1~2g
후추 1~2g   물 15g
햄 1장   머스터드 5~10g
마요네즈 조금   식용유 5~10g

만드는 법

① 준비한 경수채는 밑동을 잘라 놓는다. 당근은 껍질을 벗겨 놓는다.
② 보라 양파를 얇게 썰어준다. 경수채 3cm 폭으로 자른다. 당근을 채 썬다.
   당근을 그릇에 담고 잘 섞는다.
③ 팬에 기름을 두르고 달걀을 붓고 소금과 후추를 뿌린다. 물 15g 더 넣고 뚜껑을 덮어서 달걀 프라이를 한다.
④ 랩을 친 도마에 식빵 슬라이스를 올린다. 식빵 슬라이스 1장의 표면에 머스터드를 바르고 다른 1장에 마요네즈를 바른다.
⑤ 한쪽 식빵 슬라이스에 ②, ④, 햄을 모두 올린 후 또 다른 식빵 슬라이스를 씌우고 랩을 단단히 감아 잠시 놓는다.
⑥ 중간부터 칼을 넣고 반으로 잘라 접시에 담아 완성한다.

준비하기 쉬운 배합이므로 꼭 좋아하는 채소와 햄 소시지로 오리지널 럭셔리 샌드위치를
즐길 수 있다. 바로 먹지 않는 경우는 달걀 프라이를 반숙으로 하지 말고 완전히 익혀 준
다. 생채소이므로 빨리 먹어야 한다.

48 코울슬로 샌드위치

코울슬로 샌드위치는 수제 코울슬로를 사용하고 바삭바삭한 베이컨과 채 썬 양배추를 사용하면 매우 쉽게 만들 수 있다. 옥수수와 햄 등을 추가하면 코울슬로만으로도 충분히 맛있게 먹을 수 있다.

재료(1인분)

식빵 슬라이스 8장	양배추 100g
마요네즈 15g	식초 5g
설탕 5g	소금 1~2g
후추 1~2g	베이컨 2장
슬라이스 치즈 1장	마요네즈 15g
반죽 겨자 12g	버터 5g
흑후추 2알	

만드는 법

① 버터는 실온으로 돌려놓는다.
② 양배추는 채로 자른다.
③ 그릇에 ②를 넣고 섞어 버무린다.
④ 랩을 씌워 냉장고에 10분 놓는다.
⑤ 베이컨은 접시에 얹고 오븐에 1분 가열하여 키친타월로 기름을 닦아낸다. 같은 공정을 다시 한번 반복한다.
⑥ 그릇에 ③을 넣고 섞는다.
⑦ 식빵 슬라이스는 토스터로 구워질 때까지 굽는다.
⑧ ⑦의 1장에 ⑥을 바르고 가볍게 물기를 뺀 슬라이스 치즈, 흑후추의 순서로 올린다.
⑨ ⑦의 나머지 1장에 버터를 발라 ⑧에 겹쳐 등분하게 자르면 완성이다.

CHAPTER 7

기본 샌드위치

① 딸기잼 레아 치즈 샌드위치

딸기잼 레아 치즈 샌드위치는 식빵 한 장에 프로마주 치즈를 바르고 거품 올린 생크림을 올리고 슬라이스한 딸기 5장을 중앙에 놓는다. 다른 식빵 한 장에 딸기잼을 바르고 딸기 위를 덮어 풍미를 강조한다. 딸기와 치즈의 산미가 있는 샌드위치이다.

재료(1인분)

식빵 슬라이스 2장
딸기잼 50g
레아치즈 50g
생크림 125g
설탕 5g
바닐라 에센스 0.5g
딸기 50g

만드는 법

① 식빵을 슬라이스 하여 놓는다.
② 생크림에 설탕, 바닐라 에센스를 넣고 잘 휘핑한다.
③ 딸기는 수분을 빼고 먹기 좋은 크기로 자른다.
④ 물기가 남아있으면 크림이나 빵의 식감이 끈적끈적해지므로 물기를 전부 없앤다.
⑤ 다른 식빵에 레아치즈를 바르고 생크림을 짜준다.
⑥ 다른 식빵에 딸기잼을 바르고 딸기 위에 올린다.
⑦ 다시 생크림을 짜고 랩으로 꽉 싸서 냉장고에 차게 굳힌다.
⑧ 모양이 굳으면 3등분으로 잘라서 2개를 제공한다.

블루베리 치즈 샌드위치는 식빵 한 장에 크림치즈를 바르고 거품 올린 생크림을 올린 후 블루베리 잼을 바른 식빵을 올려 샌드한 후 자른 샌드위치이다. 블루베리 잼은 과육이 많은 것이 좋다. 샌드위치는 진열장에 넣은 후 판매하므로 손님의 눈에 잘 띄도록 자른 부분을 보이도록 한다. 단면의 식재료가 잘 보이도록 개발한 샌드위치이다.

재료(1인분)

식빵 슬라이스 2장
블루베리 잼 50g
크림치즈 50g
생크림 125g
설탕 5g
바닐라 에센스 0.5g

만드는 법

① 식빵을 슬라이스 하여 놓는다.
② 생크림에 설탕, 바닐라 에센스를 넣고 잘 휘핑한다.
③ 식빵에 크림치즈를 발라주고 생크림을 짜준다.
④ 다른 식빵에 블루베리 잼을 발라준다.
⑤ 다시 생크림을 짜주고 랩으로 꽉 싸서 냉장고에 차게 굳힌다.
⑥ 모양이 굳으면 3등분으로 잘라서 2개를 제공한다.

③ 과일 샌드위치

과일 샌드위치는 좋아하는 과일과 생크림을 넣어 만든다. 과일은 딸기가 제일 인기가 있으며 딸기가 없는 계절에는 밀감이 좋다. 생크림을 가득 넣고 키위, 파인애플, 황도 복숭아를 시럽에 적셔 넣고 생크림을 다시 짜 넣은 후 과일이 입체적으로 보이도록 자른다. 잘 보일수록 더욱 신선해 보이고 입체감이 풍부해져 손님의 눈을 사로잡는다. 잼이나 크림, 단팥 등도 맛있게 만들 수 있다. 요구르트에 하룻밤 재워 둔 말린 과일을 요구르트의 물기를 빼서 재료로 사용해도 상큼하고 아주 맛이 좋다.

재료(1인분)

식빵 슬라이스 2장	잼 50g
크림치즈 50g	생크림 125g
설탕 5g	바닐라 에센스 0.5g
딸기 30g	키위 50~60g
파인애플 30g	황도 복숭아 30g

만드는 법

① 식빵을 슬라이스 하여 놓는다.
② 생크림에 설탕, 바닐라 에센스를 넣고 잘 휘핑한다.
③ 딸기와 키위, 파인애플, 황도 복숭아의 물기를 제거하고 먹기 좋은 크기로 자른다.
④ 물기가 남아있으면 크림이나 빵의 식감이 끈적끈적해지므로 물기를 전부 없앤다.
⑤ 빵에 과일잼과 크림치즈를 발라주고 생크림을 짜준다.
⑥ 식빵 위에 황도 복숭아, 딸기, 파인애플, 키위 순서로 과일을 올린다.
⑦ 다시 생크림을 짜주고 랩으로 꽉 싸서 냉장고에 차게 식힌다.
⑧ 모양이 굳으면 3등분으로 잘라서 2개를 제공한다.

토마토, 양상추, 베이컨(BLT) 샌드위치

토마토, 양상추, 베이컨 재료의 조화가 잘 어우러지는 기본 샌드위치이다. 신선한 토마토, 아삭아삭한 양상추, 짭짤한 베이컨의 맛과 영양이 조화를 잘 이룬다.

재료(1인분)

식빵(3장) 100~130g
토마토(1개) 120g
양배추(3장) 60g
베이컨(3장) 45g

[소스]
버터 30~45g
마요네즈 45~60g
※ 베이컨은 돼지 살을 소금에 절인 후 훈연시킨 가공품이다.

만드는 법

① 식빵을 오븐에 넣고 2~3분 노릇노릇하게 구워낸 후 버터를 골고루 발라준다.
② 토마토, 양상추는 잘 씻어 물기를 제거하고 토마토는 1cm 크기로 자른다.
    양상추는 식빵의 크기에 맞추어 자른다.
③ 프라이팬에 베이컨을 올려 약한 불로 익힌 후에 종이타월로 기름기를 제거한다.
④ 식빵 위에 마요네즈를 바르고 양상추와 토마토를 올린다.
⑤ 다른 한쪽의 식빵에 마요네즈를 바르고 양상추, 베이컨을 올리고 식빵을 덮는다.
⑥ 식빵을 3등분(세로 반)으로 자른다.
⑦ 그릇에 등분한 식빵 2개를 담아 파슬리를 뿌려 완성한다.

5 클럽 샌드위치

클럽 샌드위치는 닭고기, 토마토, 양상추, 베이컨, 치즈, 피클 등 재료의 조화가 잘 어우러지는 고전적인 샌드위치이다. 닭고기에 신선한 토마토, 아삭아삭한 양상추, 짭짤한 베이컨, 치즈는 맛의 조화는 물론이고 영양도 좋다. 머스터드 소스는 상큼하며 버터와 섞으면 고소한 맛이 난다.

재료(1인분)

식빵(3장) 100~130g	닭가슴살(2쪽) 400g
토마토(1개) 120g	양상추(5장) 100g
오이(1/2개) 20~30g	베이컨(4장) 60g
슬라이스 체다치즈(2장) 56g	오이피클(10개) 30g
소금 1~2g	후춧가루 1~2g
식용유 5~10g	

[머스터드 버터소스]

버터 30~45g	머스터드 15g

만드는 법

① 닭가슴 살은 사전에 소금 3g, 후춧가루 1~2g을 뿌려 간을 하여 15분 정도 놓아둔다.
② 프라이팬에 식용유를 두르고 노릇하게 구운 후 얇게 만든다.
③ 베이컨과 채소를 준비한다. 베이컨을 프라이팬에 올려 약한 불로 익힌 후에 종이 타월로 기름기를 제거한다.
④ 토마토, 양상추는 잘 씻어 물기를 제거하고 토마토는 1cm 크기로 자르고 오이는 식빵의 길이 크기로 얇게 자른다. 양상추는 식빵의 크기에 맞추어 자른다.
⑤ 머스터드 버터소스를 만든다. 부드러운 버터에 머스터드를 섞어 만든다.
⑥ 식빵을 오븐에 넣고 2~3분 노릇노릇하게 구워낸 후 머스터드 버터소스를 골고루 발라준다.

⑦ 식빵 위에 닭가슴살, 양상추, 오이피클, 토마토 순서로 올린다.

⑧ 다른 한쪽의 식빵에 머스터드 버터소스를 바르고 다시 양상추, 치즈, 베이컨, 오이 순으로 올리고 소스를 바른 식빵을 덮는다.

⑨ 식빵 3등분(세로 반)으로 자른다.

⑩ 그릇에 등분한 식빵 2개를 담아 파슬리를 뿌려 완성한다.

⑥ 달걀 샐러드 샌드위치

달걀 샐러드 샌드위치는 아침 식사로 만들기가 간단하다. 오리지널 속 재료인 달걀 샐러드는 달걀을 삶아 잘게 잘라 소금, 후추, 마요네즈로 맛을 낸 특별한 제품이다. 식빵에 겨자 마요네즈를 칠하고 달걀 샐러드를 가득 끼워 넣어 3등분으로 잘라(1인분 2장) 완성한다. 조미료는 취향에 따라 첨가하며 파슬리를 뿌려 장식한다. 빵의 두께는 원하는 식감과 포장 크기에 맞추며 속 재료가 페이스트일 경우 조금 두껍게, 튀김의 것은 조금 얇게 하며 재료를 섞으면 완성이다.

재료(1인분)

식빵(2장) 70~100g	달걀(2개) 120g
양배추 100g	상추(2장) 20g
소금 3g	후추 3g
마요네즈 10g	머스터드(알갱이) 5g
건조 파슬리 5g	

만드는 법

① 달걀을 삶아 잘게 부순다.
② 달걀에 잘게 자른 양배추, 소금, 후추를 넣고 잘 혼합한다.
③ 식빵 1장에 겨자 마요네즈(머스터드(겨자)+마요네즈)를 혼합하여 바른다.
④ 식빵 위에 상추와 달걀을 올리고, 다른 한쪽의 식빵을 위에 겹쳐 올려 3등분(세로 반)으로 자른다.
⑤ 그릇에 등분한 2개의 식빵을 담아 파슬리를 뿌려 완성한다.

7 참치 달걀 샌드위치

참치와 달걀을 혼합한 샌드위치이다. 깬 달걀에 설탕, 간장, 술, 미림을 넣어 맛을 낸다. 참치는 2종류를 합쳐 소금, 후추로 맛을 내고 마요네즈와 겨자를 섞는다. 겨자 마요네즈를 칠한 식빵에 참치를 올리고 두께 1cm로 자른 달걀과 상추를 올리고 다른 빵을 올려 자른다.

재료(1인분)

식빵(2장) 70~100g
달걀(2개) 120g
상추(2장) 20g
소금 3g
후추 3g
마요네즈 30g
머스터드(알갱이) 5g
참치 100g

만드는 법

① 달걀을 삶아 잘게 부순다.
② 부순 달걀에 소금, 후추를 마요네즈를 넣고 혼합한다.
③ 식빵 1장에 식빵에 머스터드(겨자)와 마요네즈를 바른다.
④ 식빵 위에 상추와 1cm로 자른 달걀, 2종류의 참치를 올리고 한쪽 식빵에 겨자와 마요네즈를 바른 식빵을 올려 3등분으로 자른다.
⑤ 그릇에 담아 파슬리를 뿌려 완성한다.

⑧ 양상추 로스트비프 샌드위치

양상추 로스트비프 샌드위치는 아삭아삭한 채소를 가득히 넣고 로스트비프를 넣어 만드는 방법으로 간단하고 부피가 있는 제품이다. 고소하게 구운 식빵에 아삭하고 신선한 양상추와 토마토를 끼워 붉은 색깔과 식감을 즐긴다. 짠맛이 나는 로스트비프와 톡 쏘는 맛을 입힌 겨자도 맛의 비결이다. 아침 식사나 가벼운 식사에 적합하며 로스트비프는 쇠고기를 원료로 한 육제품으로 일반적으로 소고기 또는 통조림 제품을 사용한다. 수제 드레싱이 맛을 좋게한다.

재료(1인분)

식빵(2장) 70~100g   양상추 6g
토마토 40g(두께 4mm 2장)   로스트비프 40g
마늘 9g   양파 3g

[겨자 마요네즈]
마요네즈 15g   겨자(알갱이) 5g

[수제 드레싱]
간장 2g   식용유 2g
참기름 2g   식초 2g
마늘 2g(잘게 자른다)   생강 2g(잘게 자른다)
양파 5g   전란 10g
삶은 토마토 10g

만드는 법

① 식빵은 잘라서 오븐에 5분 정도 가열해 노릇노릇하게 굽는다.
② 식빵에 겨자 마요네즈를 얇게 칠하고 양상추는 물로 씻어 물기를 닦아낸다.

③ 식빵에 양상추 2장을 올려 펼치고 두껍게 자른 토마토를 올린다.

④ 먹기 쉬운 크기로 자른 로스트비프를 전체에 골고루 펼쳐 올린다.

⑤ 얇게 잘라 물기를 제거한 양파를 올린다.

⑥ 수제 드레싱을 뿌려준다.

⑦ 다른 한쪽의 식빵을 올리고 눌러서 식빵 테두리를 잘라낸다.

⑧ 식빵을 3등분으로 잘라서 2장을 접시에 담아 완성한다.

9 치킨가스 샌드위치

치킨가스 샌드위치는 부피가 있어 인기가 있다. 닭고기에 밀가루물을 입히고 냉동한 후 160℃의 식용유로 잘 튀겨낸다. 튀김옷을 입힌 후에 냉동하였으므로 닭고기의 튀김옷이 벗겨지지 않는다. 밀가루를 달걀로 풀어주면 닭고기가 탈 수 있다. 식빵에 겨자 마요네즈를 칠하고 토마토, 오이, 상추를 함께 싸서 제공한다.

소스와 크림치즈가 치킨과 매우 잘 어우러지며 바질 풍미의 치킨 샐러드를 사용하여 은은한 바질 향이 나는 샌드위치로도 맛있게 즐길 수 있다.

재료(1인분)

식빵 슬라이스 2장	닭고기 튀김 60g
양상추 2장	토마토 70g(1/2개)
오이 5조각	바질 5g
마요네즈 10g	겨자 5g
크림치즈 10g	

[수제 드레싱]

간장 2g	식용유 2g
참기름 2g	식초 2g
마늘 2g(잘게 자른다)	생강 2g(잘게 자른다)
양파 5g	전란 10g
삶은 토마토 10g	

만드는 법

① 식빵의 귀를 잘라 놓는다.
② 양상추, 오이, 토마토는 물로 씻어 물기를 닦아낸다. 튀긴 치킨은 1cm 크기로 잘라 둔다.
③ 식빵에 겨자, 마요네즈, 크림치즈를 얇게 칠한다,

④ 식빵에 양상추 2장, 바질을 올려 펼치고 두껍게 자른 토마토, 슬라이스한 오이를 올린다.

⑤ 먹기 좋게 1cm 크기로 자른 치킨을 올린다.

⑥ 얇게 잘라 물기를 제거한 양파를 올린다.

⑦ 수제 드레싱을 뿌려준다.

⑧ 다른 한쪽의 식빵을 올리고 눌러서 식빵 귀부분을 잘라낸다.

⑨ 식빵을 3등분으로 잘라서 2장을 접시에 담아 완성한다.

10 베이컨 달걀 토마토 샌드위치

달걀의 양면을 잘 튀기고 베이컨, 딱딱한 토마토, 오이를 넣고 설탕과 식초, 소금으로 간한다. 판매하는 사우전드아일랜드 드레싱과 머스터드와 마요네즈를 칠하여 맛을 낸 샌드위치이다.

빵에 수분을 방지하여 가벼운 맛을 내는 베이컨 달걀 토마토 샌드위치는 영양의 조화가 우수하며 포만감을 준다.

재료(1인분)

식빵 슬라이스 2장　　　　달걀 프라이 60g(1개)
베이컨 30g　　　　　　　양상추 10g
양파 5g　　　　　　　　　토마토 70g(1/2개)
아스파라거스 10g　　　　붉은 파프리카 10g
마요네즈 10g　　　　　　겨자 5g
마늘 5g　　　　　　　　　사우전드아일랜드 드레싱 10g

※ 사우전드아일랜드 드레싱 만들기
채소 샐러드, 닭고기 요리에 사용되는 새콤달콤한 맛을 지닌 핑크색 드레싱이다. 재료는 마요네즈 30g, 토마토케첩 15g, 양파 20g, 피클 10g, 피망 20g, 달걀(삶은 것) 15g, 파슬리 5g, 칠리소스 5g, 레몬즙 5g, 소금 1g, 흰 후춧가루 1g, 파프리카 분말 1g, 식초 1g을 넣고 만든다.

만드는 법

① 식빵의 귀를 잘라 놓는다.
② 팬에 베이컨, 대각선으로 얇게 자른 아스파라거스와 붉은 파프리카를 살짝 볶아 소금, 후추를 뿌린다.
③ 프라이팬에 달걀을 넣고 달걀 프라이를 만든다.

④ 양상추, 오이, 토마토는 물로 씻어 물기를 닦아낸다.

⑤ 식빵에 겨자 마요네즈를 얇게 칠한다,

⑥ 식빵에 양상추 2장, 두껍게 자른 토마토, 슬라이스한 오이를 올리고 사우전드아일랜드 드레싱을 뿌려준다.

⑦ 베이컨을 올린다.

⑧ 다른 한쪽의 식빵을 올리고 누른다.

⑨ 식빵을 3등분으로 잘라서 2장을 접시에 담아 완성한다.

11 카레 샌드위치

카레 샌드위치는 빵을 사용하여 카레 맛을 낸 것이다. 카레는 만든 다음 날 사용하며 배합은 조절한다.

재료(1인분)

샌드위치 식빵 5장
카레 15~25g
달걀 3개
빵가루 50~100g
튀김용 기름 100~200g

만드는 법

① 실온 또는 냉장고에서 꺼낸 카레를 준비한다. 갓 만든 것이 아니라 만든 다음 날의 카레를 사용하는 것이 좋다.
② 샌드위치용 빵을 살짝 데워질 정도까지 몇 초 조절에서 데워준다.
③ 빵의 반에 카레를 5g, 3장 정도 올린다. 너무 넓게 올려놓으면 튀겼을 때 새어 나와 버리기 때문에 가능한 한 가운데에 올린다.
④ 반으로 접어 주름 이외의 가장자리를 포크로 눌러 빵끼리 붙인다. 맥도날드의 애플파이처럼 생겼다. 반으로 접기 어려울 때나 가장자리가 닿지 않을 때는 물이나 달걀로 조금 적시면 취급하기 쉽다.
⑤ 달걀물에 풀어주고 빵가루를 묻혀서 튀긴다.
⑥ 양면이 노릇노릇하면 완성이다.
⑦ 샌드위치용 빵을 사용함으로써 힘든 카레 빵을 아주 쉽게 만들 수 있다.
⑧ 갓 튀겨낸 뜨거운 카레빵은 아주 맛있으며 점심이나 간식에 좋다.
⑨ 빵을 1장씩 사용하여 큰 카레빵을 만들거나 작게 만들어 한입 크기로 만들거나 치즈를 넣는 등 응용할 수 있는 배합이다.

12 콘비프 치즈의 핫 샌드위치

콘비프와 치즈 핫 샌드는 부피가 크고 바삭 바삭하게 구워진 빵을 한 입 먹으면 안에서 풍부한 콘비프의 맛과 걸쭉한 치즈가 궁합이 잘 맞다. 듬뿍 넣은 새싹 잎이 뒷맛을 깔끔하게 한다.

재료(1인분)

식빵 슬라이스 2장
브로콜리 스프라우트 20g
버터 20g

콘비프 100g
체다치즈(슬라이스) 1장
마요네즈 15g

만드는 법

① 브로콜리 새싹은 뿌리를 잘라준다.
② 식빵의 한쪽 면에 마요네즈를 바른다.
③ 체다 치즈, 콘비프, 브로콜리 새싹의 순서로 얹어 식빵으로 올린다.
④ 팬에 버터를 반량 넣고 중불에서 녹여 ②를 넣고 프라이팬에 밀면서 3분 정도 굽는다.
⑤ 노릇노릇해지면 뒤집고 남은 버터를 넣는다.
⑥ 프라이 반죽으로 누르면서 중불에서 3분 정도 굽고, 노릇노릇해지면 불에서 내려준다.
⑦ 반으로 잘라 접시에 담아야 완성이다.

만들기 요령

체다치즈는 슬라이스 치즈와 피자용 치즈로도 대체할 수 있다.
프라이팬 등으로 식빵을 구워내면 전체적으로 제대로 구울 수 있다.

13 피크닉 치킨과 아보마요의 포켓 샌드

포켓 샌드로 먹기 쉽고 따뜻해지는 앞으로의 나들이 계절에 아주 적합하다.
이번에는 모두 좋아하는 치킨과 아보카도 마요네즈로 볼륨 있게 마무리한다.
일반적인 참치와 달걀 마요네즈를 넣어도 맛있고, 조절하기 쉬운 식빵 배합이다.

재료(1인분)

식빵(5장) 2장
프릴레터스 10g
소금 1~2g
올리브오일 5g

아보카도 1개
닭고기 250g
흑후추 1~2g

[아보카도용]
마요네즈 15g
레몬즙 5g
흑후추 1~2g

간마늘 15g
소금 1~2g

만드는 법

① 사발에 아보카도를 넣고 으깨어 레몬즙과 소금을 넣고 섞는다.
② 프릴레터스는 찬물에 담가 물기를 뺀 후 먹기 좋은 크기로 썰어준다.
③ 닭고기는 한입 크기로 썰어 소금, 흑후추로 밑간을 한다. 올리브오일을 팬에 넣고 굽는다.
④ 식빵을 토스터로 노릇노릇하게 구워 반으로 잘라 가운데에 칼집을 낸다.
⑤ ④에 ①, ②, ③을 채워 넣으면 완성이다.

아보카도는 부드러운 소스 겉모양으로 했지만, 투박한 느낌이 필요한 경우에는 으깨는 단계에서 거칠게 으깨 준다.

식빵의 가열 시간은 상태를 보면서 조절한다.

식빵에 속 재료를 채울 때는 프릴레터스를 먼저 넣으면 채우기 쉽다.

14 야유회의 샌드위치

야유회의 샌드위치는 단골재료만으로도 손쉽게 만들 수 있는 식빵 샌드위치로 휴일 가족, 친구들과 공원 피크닉에 적합하다. 기분 좋은 시간을 보낼 수 있는 간단한 '수제' 샌드위치의 대표 재료는 달걀이다. 달걀 샌드, 햄 샌드, 참치 샌드, 기타 샌드로 인기가 있는 평범한 재료로 만드는 샌드위치를 만든다.

15 연어와 브로콜리 달걀 샌드위치

연어와 브로콜리 달걀 샌드위치는 브로콜리에 달걀, 샐러드를 넣어 달걀의 맛과 궁합이 좋은 연어를 추가했다. 조금 호화롭고 부피도 있는 샌드위치에 어린이들이 좋아하는 샌드위치이다.

재료(1인분)

롤빵 2개
삶은 달걀 1개
냉동 브로콜리 20g
연어 20g
마요네즈 10g

만드는 법

① 브로콜리는 물에 삶아 3㎝ 정도로 굵게 다진다. 연어는 구운 후에 풀어 놓는다
② 삶은 달걀을 포크로 굵게 으깨 마요네즈를 넣고 ①과 함께 섞는다.
③ 칼집을 낸 롤빵(취향에 따라 입자 겨자를 바른다)에 ②를 끼워 완성한다.

16 햄 치즈 김 샌드위치

햄 치즈 김 샌드위치는 구운 김의 고소한 풍미와 햄 치즈의 깊은 맛이 더해진 제품이다.

재료(1인분)

식빵 2장
햄 슬라이스 2장
슬라이스 치즈 1장
구운 김(10cm) 1장
샐러드 채소 30g
마요네즈 5~10g
겨자 5~10g

만드는 법

① 식빵은 귀를 잘라내고, 한쪽 면에 머스터드와 마요네즈를 바른다.
② ①에 햄 슬라이스, 슬라이스 치즈, 불에 살짝 구운 김, 샐러드 채소를 올린다.
③ 원하는 형태로 절단한다.

17 생햄 치즈 잼 샌드위치

생햄 치즈 잼 샌드위치는 햄의 짠맛이 어우러진 고급스러운 단맛을 가진 샌드위치이다. 가족 나들이나 소풍을 즐길 때 가져가면 부모와 아이들이 함께 맛있게 먹을 수 있는 간식이 된다.

재료(1인분)

식빵 2장
생햄 3장
크림치즈 40g
살구잼 10g

만드는 법

① 식빵의 귀를 잘라내고 한 면에 잼을 바른다.
② 살구잼 위에 크림치즈를 두껍게 바르고 햄을 올린다.
③ 원하는 형태로 절단한다.

18 시금치 참치 샌드위치

시금치 참치 샌드위치는 참치와 채소를 함께 먹을 수 있는 건강한 샌드위치이다.
채소는 취향에 따라 당근이나 양파를 다져도 좋다.

재료(1인분)

식빵 2장
참치캔(60g) 1캔
시금치 30g
마요네즈 10~20g

만드는 법

① 식빵의 귀를 잘라낸다.
② 시금치를 삶고 물기를 짜서 다지고 참치는 기름을 뺀다.
③ 식빵에 시금치를 참치, 마요네즈와 함께 섞어 올린다.
④ 원하는 형태로 자른다.

⑲ 연근 톳 참치 샌드위치

연근 톳 참치 샌드위치는 아삭아삭한 식감을 즐길 수 있는 연근, 톳, 참치를 함께 먹어 식이섬유도 섭취할 수 있다.

재료(1인분)

식빵 2장
참치캔 100g(1캔)
연근 3cm 정도
톳 20g
상추 20g
마요네즈 10~20g
식초 5g

만드는 법

① 식빵의 귀를 잘라내고 참치캔은 개봉하여 기름은 버리지 않고 보관해 둔다.
② 껍질을 벗겨 얇게 썬 연근을 5분 정도 물에 담가 물기를 제거한다.
③ ②에 가볍게 식초를 흔들어 그릇에 옮기고 랩을 씌워 전자레인지에 2분 정도 가열하여 식힌다.
④ ③에 참치와 캔에 남은 기름, 톳, 마요네즈를 섞는다.
⑤ ④를 상추를 깐 식빵에 올린다.
⑥ 원하는 모양으로 자른다.

20 고등어 토마토 샌드위치

고등어 토마토 샌드위치는 커피숍이나 세련된 카페 등에서 볼 수 있다. 고등어와 샌드위치는 뜻밖의 조합이지만 깜짝 놀랄 정도로 잘 어울린다.

재료(1인분)

프랑스 빵(두께 3cm) 4조각
자반고등어(반쪽) 1장
토마토(1cm 폭의 슬라이스) 2~3장
상추 30g
마요네즈 5~10g
버터 5~10g
흑후추 1~2g

만드는 법

① 자반고등어를 2등분하여 알루미늄 포일에 얹고 토스트한다.
② 프랑스 빵은 한쪽 면에 버터를 얇게 바르고, 그 위에 마요네즈를 발라 흑후추를 가볍게 뿌려준다.
③ ①의 고등어를 식히고 토마토, 상추를 슬라이스 하여 종이타월로 물기를 닦아내어, ② 위에 올린다.

21 달걀 샌드위치

달걀 샌드위치는 달걀을 올리는 샌드위치이다. 보통의 달걀 샌드보다 부피가 있고, 구운 정도에 따라 원하는 식감을 조리할 수 있다.

재료(1인분)

식빵 2장
우유 15g
꿀 10g
식용유 20g
버터 10g
달걀 3개
미림 15g
소금 1g
마요네즈 10g

만드는 법

① 그릇에 달걀을 풀고 우유, 미림, 꿀, 소금을 섞어 기름을 두르고 달궈진 팬에 붓고 젓가락으로 크게 섞는다.
② 반숙 상태가 되면 약한 불로 하여 가장자리 네 변을 식빵 사이즈에 맞추어 접어 정사각형으로 만든다. 뒤집어 뚜껑을 덮고 가열하여 식힌다.
③ 식빵에 버터와 마요네즈를 얇게 바른 후 ②를 끼우고 귀를 잘라낸다.

22 미니 햄버거

둥근 빵과 햄버거를 사용하면 미니 햄버거도 만들 수 있다. 미니 햄버거와 시금치 버터 볶음을 섞으면 육즙이 풍부한 미니 햄버거에 시금치 버터 볶음의 감칠맛이 더해져 입맛을 사로잡는다. 아이들도 아주 만족스러워하는 일품 브런치이다.

재료(1인분)

둥근빵 2개
미니 햄버거 2개
시금치 버터 볶음 2개
케첩 10~20g
올리브유 10~20g
소금 1~2g
후추 1~2g

만드는 법

① 냉동 미니 햄버거와 냉동 시금치 버터 볶음을 봉지의 표기에 따라 해동한다.
② 빵을 반으로 자른 후 ①을 올리고 케첩을 뿌려 올린다.

23 딸기와 모차렐라 치즈의 오픈 샌드

    딸기와 모차렐라아 치즈의 오픈 샌드는 만드는 법이 간단하며 딸기와 모차렐라 치즈를 듬뿍 얹은 오픈 샌드위치이다. 발사믹 식초와 꿀 소스가 딸기와 모차렐라 치즈와 잘 조합되어 매우 맛있으며 빨리 만들 수 있기 때문에 아침 식사로 추천하고 싶다.

재료(1인분)

식빵(8장) 1장	딸기 2개
모차렐라 치즈 4장	루콜라 10g
발사믹 식초 5g	꿀 5g
올리브오일 5g	버터 5g
소금 1~2g	흑후추 1~2g
버터 5g	

만드는 법

① 딸기는 꼭지를 잘라 놓는다.
② 그릇에 ①을 넣고 잘 섞는다. 딸기는 세로로 4등분으로 자른다.
③ 모차렐라 치즈는 반으로 자른다.
④ 루콜라는 5cm 폭으로 자른다.
⑤ 식빵은 오븐으로 4분 정도 굽는다.
⑥ 노릇노릇해지면 버터를 발라 루콜라와 치즈를 올려준다.
⑦ 접시에 담고 꿀을 뿌리면 완성이다.

배합은 꿀을 사용하고 있다. 꿀은 각각 종류에 따라 단맛이 다르기 때문에 취향에 따라 조절해 주십시오.

24 새우와 명태 크림치즈 핫 샌드

새우와 명태 크림치즈 핫 샌드는 새우와 명란젓의 맛과 진한 크림치즈가 잘 어울려서 맛있다. 상쾌한 향기가 특징인 딜을 곁들여 아침 식사나 간식에 좋다.

재료(1인분)

식빵(6매짜리) 2장
새우(보일) 80g
크림치즈 60g
명란젓 20g
딜 1g
마요네즈 15g
소금 1~2g
후추 1~2g
버터 10g
딜(장식) 1~2g

만드는 법

① 명란젓은 얇은 껍질에서 꺼내어 풀어주고 크림치즈, 버터는 실온에 놓아둔다.
② 딜은 잘게 다진다.
③ 알루미늄 포일을 깐 철판에 식빵을 올리고 오븐으로 200℃에서 3분 정도 굽는다.
④ 그릇에 재료 ①을 넣고 잘 섞는다.
⑤ 식빵의 한쪽 면에 버터를 발라 명란젓을 올리고 또 다른 식빵으로 올린다.
⑥ 식빵을 2등분으로 잘라 그릇에 담아 딜을 곁들여 완성한다.

25 비트 달걀 샐러드 샌드위치

최고의 브런치 메뉴로 달걀 샌드위치를 더욱 건강하고 맛있는 샌드위치로 만들 수 있다.

재료(3인분)

식빵 슬라이스 4장
삶은 달걀 1개
마요네즈 30g
비트(초절임) 30g
소금 1~2g
후추 1~2g

만드는 법

① 삶은 달걀을 달걀 커터 등으로 작게 해서 그릇에 넣고 마요네즈와 함께 섞는다.
② 1개의 그릇에 잘게 썬 초절임의 비트를 함께 넣고 잘 섞어서, 소금 후추로 간을 맞춰
   빵에 샌드하면 완성이다.
③ 비트는 초절임을 사용한다.

※ 비트는 싫어하는 사람도 있지만, 마요네즈에 섞으면 먹기 쉽다. 감자 샐러드나 달걀
   샐러드와의 혼합은 최고이다.

26 아보카도 토스트

간단하게 만들 수 있는 아보카도 토스트는 주말 조식 브런치에 적합하다. 카페 메뉴로 영양 만점이며 양도 푸짐하다. 잘게 자른 아보카도에 레몬즙을 뿌려도 된다. 달걀은 취향에 맞게 반숙으로 해도 맛이 있다.

재료(1인분)

토스트 1조각
아보카도 1/2개
훈제 연어 80g
삶은 달걀 1개
후추 1~2g
레몬 1/4개

만드는 법

① 토스트한 식빵 슬라이스에 잘게 자른 아보카도를 올린다.
② 그 위에 훈제 연어를 올린 다음 세로로 썬 삶은 달걀을 얹는다.
③ 후추를 뿌리고 레몬을 곁들여 완성한다.

27 바나나 요구르트 토스트

바나나 요구르트 토스트는 브런치에 어울리는 간단한 토스트이다. 빵은 표면이 바삭해질 때까지 토스트하는 것이 좋다. 휴일이 길어지게 되면 아침 점심 겸용의 브런치로 부들부들하여 맛있다.

재료(1인분)

식빵 슬라이스 1장
요구르트 100g
바나나 1개

만드는 법

① 식빵 슬라이스를 3등분으로 잘라 오븐에서 노릇노릇해질 때까지 바삭하게 굽는다.
② 바나나는 둥글게 자르거나 빗살로 자른다. 바나나는 껍질 위에서 자르면 설거지를 적게 할 수 있다.
③ 구운 빵 위에 좋아하는 요구르트를 듬뿍 발라준다.
④ 바나나를 나란히 놓으면 완성이다. 초코 소스나 과일 소스를 뿌려주거나 요구르트 크림도 어울린다.

28 명란 마요네즈 토스트

명란 마요네즈 토스트는 아침에 섞어서 바르기만 하면 되므로, 간단하게 할 수 있다. 명란은 으깨면 알이 거칠어지지만 그것이 또 맛있다. 명란 마요네즈 토스트는 먹으면 기운이 나며 그 맛이 좋아 주말 브런치에 적합하다.

재료(1인분)

식빵 슬라이스 2장	명란젓 20g
마요네즈 15g	버터 10g

만드는 법

① 명란젓을 그릇에 넣고 포크로 간단하게 으깬다.
② 명란젓에 마요네즈를 더해 섞는다.
③ 빵에 버터를 바르고, 그 위에 명란젓 마요네즈를 바른 후 4분 토스트해서 완성한다.

29 아보카도 웨이브 토스트 오픈 샌드

아보카도 웨이브 토스트 오픈 샌드는 원하는 빵을 사용하며 양념이나 토핑도 자유롭다. 조식, 브런치, 중식, 점심, 간식, 야식으로도 좋다.

재료(1인분)

식빵 슬라이스 1장
아보카도 1/2개
마요네즈 20g

만드는 법

① 아보카도를 반으로 자른다.
② 식빵 슬라이스 위에 아보카도를 스푼으로 떠, 나란히 올린다.
③ 위에서 마요네즈를 뿌려 완성한다.

30 베이컨 달걀 토스트

베이컨 달걀 토스트는 브런치에 딱 어울리는 토스트이다. 치즈와 달걀과 베이컨으로 영양 만점이다.

재료(1인분)

버터 10g
치즈 30g
베이컨 2장
삶은 달걀 2개
마요네즈 20g
식빵 슬라이스 2장
흑후추 1~2g
프라이드 양파 20g

만드는 법

① 빵 1개에 잘게 썬 버터, 치즈를 올린다.
② 먹기 좋은 크기로 썬 베이컨을 올린다.
③ 삶은 달걀을 전체에 올린다.
④ 마요네즈를 뿌린다.
⑤ 오븐 온도 180℃에서 5분 굽고 200℃로 올려 조금 굽는다.
⑥ 프라이드 양파에 흑후추를 올리면 완성이다.

㉛ 간식, 점심 프렌치 토스트

브런치나 점심, 간식거리도 되는 프렌치 토스트로 간단하게 만들 수 있다.
식빵 슬라이스는 4장 두께면 포만감이 좋고 바닐라 에센스는 맛을 돋우기 위해 넣는다.
빵은 달걀+우유 액에 담가 냉장고에서 하룻밤 재우면 맛이 배어들고 더욱 맛이 있다.

재료(1인분)

식빵 슬라이스 1장   달걀 1개
우유 150cc   설탕 15g
바닐라 에센스 1~2g   올리브오일 15g

[토핑]
설탕(가루 설탕) 10~20g
메이플 시럽 10~20g

만드는 법

① 빵을 4등분으로 자른다.
② 볼에 우유, 바닐라, 설탕을 넣고 섞는다.
③ 접시에 달걀물을 부어 빵을 담가 놓는다(양면을 잘 담근다).
④ 팬에 올리브오일을 두르고, 따뜻해지면 빵을 중간 불로 굽는다.
⑤ 양면이 노릇노릇해지면 완성이다.
⑥ 취향에 따라 설탕이나 메이플시럽 등을 뿌려준다.

32 리코타 치즈와 딸기 토스트

간단하지만 멋지고 맛있는 브런치를 먹고 싶을 때 좋다. 리코타 치즈와 딸기는 커피와
잘 어울리는 토스트이다.

재료(1인분)

식빵 슬라이스 1장
리코타 치즈 적당량
딸기 소스 20~30g
올리브오일 15g
후추 1~2g
바질 2~3g

만드는 법

① 접시 위에 식빵을 슬라이스 한다.
② 원하는 양의 리코타치즈를 바른다.
③ 그 위에 취한 딸기소스와 올리브오일, 후추를 뿌린다.
④ 바질을 마지막으로 뿌려주면 완성이다.

33 참치 치즈 핫 샌드위치

참치 치즈 핫 샌드위치는 브런치에 좋다.

재료(1인분)

양파 약 1/8
참치캔 100g
소금 1~2g
후추 1~2g
마요네즈 15g
치즈(2장) 20g
버터 5g

만드는 법

① 양파는 소금을 쳐서 물에 담가 둔다. 취향대로 후추, 양파를 소금에 절여 물로 씻어
　 키친타월로 물기를 빼 매운맛을 없앤다.
② 참치 캔의 오일을 빼고 소금 후추와 마요네즈로 버무리고 양파를 넣는다.
③ 빵에 끼우고, 녹는 치즈도 충분히 올린다. 취향에 따라 후추를 조금 뿌린다.
④ 버터를 두른 프라이팬에 누르면서 양쪽 면이 바삭해질 때까지 누르면서 굽는다.

34 참치 치즈 철판으로 맛있는 토스트

휴일의 브런치 바게트 프렌치 토스트는 딱딱해져 버린 바게트를 오븐에 굽는 간단 배합이다. 푹신푹신한 프렌치 토스트가 구워진다. 휴일 아침은 한가로이 멋스러운 카페 브런치를 이미지화해서 만든다.

재료(1인분)

바게트 1개
우유 300g
달걀(4개) 240g
설탕 10g
벌꿀 10g
과일(포도 종류, 장식) 30~50g
드라이 치즈(장식) 10~20g
타임, 로즈마리(장식) 1~2g
슈거파우더 10~20g
메이플 시럽 10~20g
버터 적정량

만드는 법

① 바게트를 센티미터 정도의 두께로 자른다.
② 우유, 달걀, 설탕, 꿀을 볼에 넣고 잘 섞는다.
③ 달걀물을 바게트에 넣고 1시간 정도 담근다. 몇 번 뒤집으면서 완전히 담근다.
④ 오븐을 180℃로 데운 후, 약 15분간 굽는다(오븐에 따라 시간, 온도를 조절한다).
⑤ 모듬 과일, 슈거파우더, 메이플 시럽, 버터를 취향에 맞게 뿌려 완성한다.

35 마요를 좋아하는 사람에게 추천하는 토스트

진한 브런치가 먹고 싶을 때 추천하는 브런치이다.

재료(1인분)

식빵 슬라이스 1장   마가린 10~20g
마요네즈 10~20g   달걀(3개) 180g
소금 1~2g   후추 1~2g
우유 15g

만드는 법

① 식빵에 마가린을 바르고, 달걀 둑이 되는 마요네즈를 뒤에 조금 높게 바른다.
② 달걀은 깨서 소금, 후추로 간을 하고 우유를 넣어 휘젓는다.
③ ②를 식빵 슬라이스 위에 쏟아지지 않게 붓는다.
④ 미리 숟가락 등으로 빵의 중앙 부분을 조금 눌러 흐르지 않도록 한다.
⑤ 그대로 오븐에 넣고 10분 정도 상태를 보면서 토스트 하면 완성이다.

만들기 요령

달걀 앞에 슬라이스 치즈를 얹고 토스트를 해서 녹여주면 더욱 진한 맛이 난다.
단, 달걀이 넘치기 쉬우므로 주의한다.

36 낫토 달걀구이+고추냉이 핫 샌드

낫토 달걀구이+고추냉이 핫 샌드는 브런치용 핫 샌드이다. 낫토 달걀말이를 기본으로 고추냉이 채소를 추가한 것이 좋다. 낫토가 들어간 달걀말이는 가장자리를 단단히 한다.

재료(1인분)

식빵 슬라이스 2장
마요네즈 적당량
고추냉이채 1장
굵게 간 고추 1~2g
겨자와 양념장 1세트

핫오일 10~20g
슬라이스 치즈 2장
달걀(2개) 120g
낫토 1팩(40~50g)

만드는 법

① 고추냉이는 물로 가볍게 씻고, 물기를 꼭 짜둔다.
② 낫토는 잘 휘젓고, 부속의 겨자 양념장의 순서에 더해 각각 잘 휘젓는다.
③ 달걀물에 굵은 고춧가루를 넣어둔다.
④ 달걀말이 팬을 달구어 달걀물을 붓는다. 달걀이 적당히 굳으면 낫토를 전면에 펼쳐 놓은 후 반으로 접는다.
⑤ 불에 내려 잠시 놓아둔다.
⑥ 식빵 슬라이스의 바깥면에는 핫오일을, 안쪽 면에는 마요네즈를 발라 둔다.
⑦ 식빵에 살살 녹는 슬라이스 치즈를 올리고 그 위에 고추냉이 채소를 반으로 잘라 각각 올려 놓는다.
⑧ 데워 둔 핫 샌드 메이커에 식빵 슬라이스를 올려 놓고 그 위에 낫토 달걀말이를 올린다. 두 번째 슬라이스도 올린다.
⑨ 핫 샌드 메이커를 적절히 뒤집어 식빵 슬라이스의 바깥면이 옅은 갈색이 되면 완성이다.

37 알렌테조풍으로 핫 샌드

어제 먹다 남은 돼지 등심과 깐 바지락을 활용한 알렌테조풍 브런치용 핫 샌드위치이다.

식빵 슬라이스 2장
핫오일 40~50g
마요네즈 10~20g
슬라이스 치즈 2장
고추냉이채 1잎
돼지 등심과 깐 바지락을 활용한 알렌테조풍 요리의 레프트 오버 적당량
비엔나 소시지 2팩

만드는 법

① 고추냉이 채소는 물로 가볍게 씻고, 물기를 뺀 후 등분해 둔다.
② 식빵 슬라이스의 바깥면에는 핫오일을, 안쪽 면에는 마요네즈를 발라 둔다.
③ 살살 녹는 슬라이스 치즈를 배치하고 고추냉이 채소를 얹는다.
④ 스킬렛(팬)을 달궈 레프트 오버와 비엔나 소시지를 넣고 잠시 센불에서 볶는다.
　 우선 첫 번째 식빵 슬라이스의 양끝에 비엔나 소시지를 배치하고 그 사이에 레프트
　 오버를 올린다.
⑤ 따뜻하게 해놓은 핫 샌드 메이커에 슬라이스 1장과 재료를 올리고 두 번째 슬라이스
　 도 올린다.
⑥ 핫 샌드 메이커를 적절히 뒤집어 식빵 슬라이스의 바깥쪽이 옅은 갈색이 되면 완성이다.

돼지 등심과 깐 바지락을 활용한 알렌테조풍 요리의 레프트 오버에는 돼지 등심이 없고
바지락이나 양파와 약간의 육수가 중심이다.
돼지 등심의 대용으로 소시지를 활용하고 국물이 흐르지 않도록 비엔나 소시지를 식빵
슬라이스 가장자리에 둔다.

38 바게트 감자 카레

감자와 잘 어울리는 카레 풍미는 누구나 좋아하는 간편 브런치이다. 간단하고 먹기
좋은 조식, 브런치 메뉴를 만든다.

재료(1인분)

바게트빵(프랑스 빵) 1/2개
감자(남작) 2개
우유 15g
식초 5g
카레가루 15g
마요네즈 15g
파슬리 5g

만드는 법

① 감자는 물에 씻어 삶는다.
② 감자가 뜨거울 때 껍질을 벗기고 포크로 굵게 으깬다.
③ 우유, 식초, 마요네즈, 카레가루, 파슬리를 다져서 재빨리 섞는다.
④ 바게트빵은 적당한 크기로 잘라 ③을 균등하게 얹는다.
⑤ 오븐에서 약 5분 굽는다.
※ 마요네즈 대용으로 우유와 식초를 넣는다.

39 치즈&베이컨 팬케이크

치즈&베이컨 팬케이크은 식사감이 있는 팬케이크로 아침 식사나 브런치 요리에도 딱 좋다. 쉬는 날의 브런치로 베이컨과 치즈로 든든한 팬 케이크라고 할 수 있다.

재료(1인분)

1장(18cm 프라이팬)
핫케이크 믹스 180g
달걀 1개
두유(우유) 170ml
올리브오일 5g
베이컨(하프) 6장
슈레드 치즈 50g
메이플 시럽 10~15g

만드는 법

① 핫케이크 믹스, 달걀, 두유를 섞어 올리브오일을 두른 팬에 약한 불에서 약 3분 정도 굽는다.
② 표면이 보글보글해지면 베이컨과 치즈를 얹고, 뒤집어서 약한 불에서 약 3~5분 정도 굽는다.
③ 접시에 옮겨 메이플 시럽을 뿌려서 완성한다.

40 우리 집 피자토스트 어린이용과 어른용

재료를 잘게 다져 넣어 손으로 먹을 때 건더기가 쏟아지는 것을 방지한다. 여름방학의 브런치에 꼭 아이와 함께 만들어보기를 권한다.

재료(1인분)

식빵 슬라이스(6장짜리) 2장
양파 1/4개
피망 1개
베이컨 1장
케첩 20~30g
마요네즈 20~30g
녹는 치즈 40~50g
바질 1~2g
육두구(건조) 0.5~1g
오레가노(건조) 1~2g

만드는 법

① 피망, 양파, 베이컨은 사진 정도로 굵게 다져 빵에 케첩을 바른다.
② 어른용에는 향신료 3종, 어린이용에는 향신료를 넣지 않거나 바질만 넣고 너무 흔들리지 않도록 한다.
③ 피망, 양파, 베이컨, 치즈를 올리고 어린이용에는 마요네즈(좋아하면 어른용으로도)를 뿌린다.
④ 토스터에 구운 후 어린이용은 세로 반으로 절단한다(식빵 슬라이스 1장에 건더기가 올라오면 아이는 무겁게 먹기 힘들기 때문에).
⑤ 여기서는 향신료가 3종류이지만 평상시에는 이것에 타임도 사용된다.

빵은 6장 자르기가 가장 적합하다. 알루미늄 포일에 싸서 구워준다. 불의 세기를 잘 조
절해야 한다.

41 고등어 마요 오픈 샌드

고등어 캔을 사용하여 오픈 샌드위치로 살짝 응용하면 점점 더 맛있다. 와인을 곁들여 먹는 브런치이다.

재료(1인분)

식빵(바게트) 1개   고등어캔 1캔
양파(슬라이스) 1/4개   마요네즈 15g
레드 칠리 10~20g   머스터드 10~20g

만드는 법

① 양파는 썰어 물에 담가둔다(매운맛을 뺀다).
② 고등어캔을 열어 내용물을 그릇에 옮겨 마요네즈와 버무립니다.
③ 원하는 빵에 겨자를 바르고 양파를 얹어 그 위에 고등어 마요를 얹고 레드칠리를 흔든다.
④ 가볍게 토스트한다.

만들기 요령

고등어에는 양파가 어울리므로 양파식초에 절인 고등어에도 곁들일 요리는 양파로 한다. 가볍게 토스트하는 것이 포인트이다. 구운 마요네즈가 맛의 비결이다.

이 배합의 성장 과정
영양가도 높고 간편하게 사용할 수 있는 고등어캔의 유용한 배합이다. 그냥 마요네즈로 버무릴 뿐만 아니라 가볍게 구우면 맛이 더 풍부해진다.
냉동해 놓은 글루텐 프리 빵에 화이트 와인을 곁들여 세련된 휴일 점심 식사로 딱 좋다.

42 시나몬 향이 나는 바나나 치즈 토스트

부드러운 순간의 행복 브런치 치즈 토스트이다.

재료(1인분)

식빵 슬라이스 1장
바나나 1/3개
치즈 1장
호두 2알
메이플 시럽(꿀) 10~20g
시나몬 슈거 10~20g

만드는 법

① 5mm 두께로 둥글게 자른 바나나를 빵에 늘어 놓는다. 계핏가루를 뿌리고 치즈를 얹는다.
② 호두를 으깨어 토스터기에 굽는다. 접시에 놓고 취향에 따라 시나몬을 한 후 메이플 시럽을 뿌려 완성이다.
③ 취향에 따라 구워낸 후에 다진 건포도를 뿌려도 맛있다.

만들기 요령

치즈는 1/2장이나 1장을 올려도 좋다. 토스트가 바나나로 어느 정도 촉촉해져서 마가린은 바르지 않아도 되지만, 풍미를 원한다면 연하게 발라서 먹는다.

43 햄&치즈 오믈렛 핫 샌드위치

햄&치즈 오믈렛 핫 샌드위치는 브런치용 핫 샌드로 로스 햄과 모차렐라 치즈를 기본으로 하여 달걀말이를 오믈렛으로 만들었다.

재료(1인분)

식빵 슬라이스 2장   핫오일 적당량
마요네즈 적당량   등심 햄 2장
모차렐라 치즈 50g   달걀 2개
굵은 고춧가루 5~10g   처빌 1~2g
케첩 15g

만드는 법

① 빵의 바깥면에는 핫오일을, 안쪽 면에는 마요네즈를 발라 둔다.
② 식빵 슬라이스의 안쪽 부분에 등심햄과 모차렐라 치즈를 올려둔다.
③ 달걀물에는 굵은 고춧가루를 넣고 따뜻하게 데워놓은 달걀말이 팬에 붓는다.
④ 달걀이 약간 굳었을 때 처빌을 전면에 흩뿌리고, 그 위에 케첩을 뿌린다.
⑤ 잠시 후 반으로 접는다(식빵 슬라이스 사이즈).
⑥ 첫 번째 식빵 슬라이스에 달걀말이를 얹는다.
⑦ 따뜻하게 해 둔 핫 샌드 메이커에 슬라이스 1매를 올리고 이어 두 번째 슬라이스도 올린다.
⑧ 핫 샌드 메이커를 적절히 뒤집어 식빵 슬라이스의 외면 부분이 옅은 갈색이 되면, 완성이다.

케첩은 45g 정도로 하는 것이 더 맛있을지도 모르지만 케첩을 너무 많이 넣으면 식빵 슬라이스에서 빠져 나오므로, 15g 정도가 무난하다. 오믈렛 오믈라이스에서처럼 달걀과 케첩은 잘 어울리니까.

이 배합의 성장 과정
햄&치즈를 베이스로 한 핫 샌드인데, 거기에 달걀말이를 오믈렛 형식으로 시도하였다. 꽤 괜찮은 느낌이다.

44 겨자 명태 달걀말이&치즈 핫 샌드

겨자 명태 달걀말이&치즈 핫 샌드는 브런치로 언제나 먹는 핫 샌드로 겨자 명태& 치즈의 양을 줄여 달걀말이를 더한 것이다.

재료(1인분)

식빵 슬라이스 2장
핫오일 20~30g
마요네즈 20~30g
모차렐라 치즈 50g
달걀 2개
굵은 고춧가루 2~5g
겨자 명란젓 2개

만드는 법

① 모차렐라 치즈는 5mm 정도로 썰어둔다.
② 식빵 슬라이스의 바깥면에는 핫오일을 안쪽 면에는 마요네즈를 발라 둔다.
③ 그 위에 모차렐라 치즈를 올린다.
④ 달걀물에 굵은 고춧가루를 넣어 둔다.
⑤ 달걀말이 팬을 달구어 달걀물을 붓고 잠시 둔다.
⑥ 달걀이 약간 굳어졌을 때, 겨자 명란을 넣고 잠시 둔다.
⑦ 이것을 반으로 접어(식빵 슬라이스 사이즈) 불에서 내려 잠시 둔다.
⑧ 데워 둔 핫 샌드 메이커에 1번째 식빵 슬라이스를 올리고 그 위에 달걀말이를 얹는다.
⑨ 핫 샌드를 적절히 뒤집어 식빵 슬라이스의 바깥면이 옅은 갈색이 되면 완성이다.

겨자 명란젓이 적당히 맵기 때문에 특별히 양념은 필요 없다.

이 배합의 성장 과정

치즈와 겨자 명란젓을 듬뿍 넣은 핫 샌드의 변형이다. 치즈와 겨자 명란젓의 양을 줄인 대신에 달걀말이를 더해 포만감을 높였다.

45 치킨 시저 샐러드 빵

재료(1인분)

식빵 슬라이스 1장
샐러드 치킨 50~100g
샐러드 믹스 20~30g
시저 드레싱 20~30g
흑후추 1~2g

만드는 법

① 식빵을 굽는 동안 치킨을 자른다.
② 식빵 슬라이스가 구워지면 채소 → 치킨 → 드레싱 → 흑후추를 뿌린다.

46 그레이엄 베이컨

그레이엄 빵(중형) 1개　　　베이컨 3장
양파 1개　　　　　　　　　피망 1개
버터 10g　　　　　　　　　밀가루 10g
우유 150g　　　　　　　　소금, 후추 1~2g
치즈 30g

만드는 법

① 그라탱을 만든다. 베이컨, 양파, 피망을 잘게 썰어 버터로 볶는다.
② 익기 시작하면 밀가루를 넣고 볶다가 우유를 조금씩 넣으면서 섞어 걸쭉하게 만든다.
③ 소금 후추로 약간 진하게 간을 맞춘다.
④ 빵 케이스를 만든다. 빵을 위에서 1cm 정도 되는 지점에서 슬라이스하여 내용물을 도려낸다.
⑤ 도려낸 빵의 내용물은 작게 잘라 그라탱에 섞어 빵의 케이스에 채운다.
⑥ 표면에 치즈를 흩뜨려 가스 오븐에서 63℃로 3분 정도 굽는다.

만들기 요령

그레이엄 빵으로 만든다. 부드러운 빵이라면 조금 만들기 어려울 수도 있다. 그라탱이
딱딱할 경우는 우유로 조절한다.
빵의 윗부분(뚜껑)도 같은 오븐에 올려 구워도 맛있다.

이 배합의 성장 과정
화이트 소스를 따로 만들지 않기 때문에 되게 쉽게 만들 수 있다.

47 듬뿍 달걀 샌드위치

듬뿍 달걀 샌드위치는 달걀을 3중으로 겹친 볼륨 만점의 달걀 샌드위치로 이 샌드위치를 좋아하는 사람들에게는 견딜 수 없는 배합이다. 마요네즈와 프렌치 드레싱으로 감칠맛과 부드러움이 느껴져서 아주 맛있다. 또한 레몬즙을 조금 넣으면 더욱 맛있어진다.

재료(1인분)

식빵 슬라이스 2장	달걀 1개
뜨거운 물(삶는 용) 3,000ml	냉수(냉수용) 3,000ml
마요네즈 10g	프렌치 드레싱 5g
파슬리(건조) 5g	소금 1~2g
후추 1~2g	버터 15g
머스터드 5g	파슬리(건조) 1~2g
방울토마토 2개	

만드는 법

① 버터는 실온으로 돌려놓는다.
② 냄비에 달걀과 뒤집어쓸 정도의 물을 넣고 끓이다가 중불에서 1분 삶는다.
③ 뜨거운 물을 버리고 찬물로 식혀 껍질을 벗긴다.
④ 사발에 넣고 포크로 으깨 ①을 더해 전체를 섞는다.
⑤ 방울토마토는 반으로 자른다.
⑥ 그릇에 버터를 넣고 섞어 식빵 슬라이스 전부에 덧발라준다.
⑦ ⑤에 으깬 달걀을 바르고 그중 6장을 전체에 덧발라, 나머지 장을 맨 위에 얹어 누른다.
⑧ 방울토마토를 어슷하게 반으로 자른 후 다시 반으로 잘라 접시에 담아 완성한다.

48 햄과 달걀 샌드위치

햄과 달걀 샌드위치는 양상추와 햄, 치즈, 스크램블 에그를 사이에 둔 클래식한 샌드위치이다. 식빵 슬라이스는 토스터로 바싹 구워서 입겨자를 섞은 마요네즈를 바른다. 매우 잘 맞는 조합이고 매우 간단하기 때문에 기억해 두면 편리하다.

재료(1인분)

식빵 슬라이스 2장   햄 1장
양상추 15g   슬라이스 치즈 1장
달걀 1개   소금 1~2g
후추 1~2g   버터 5g
마요네즈 5g   겨자(알갱이) 5g
방울토마토 2개

만드는 법

① 그릇에 달걀, 소금, 후추를 넣고 풀어준다.
② 팬에 버터를 넣고 중불에 올려 ①을 넣고 유채젓가락으로 크게 섞어 스크램블 에그를 만들어 불을 끈다.
③ 오븐으로 식빵 슬라이스를 3분 정도 노릇노릇해질 때까지 굽는다.
④ 그릇에 ①을 섞는다.
⑤ ③에 ④를 바르고 양상추, 햄, 슬라이스 치즈의 순서로 얹고 올린다.
⑥ 랩으로 싸서 반으로 자른다.
⑦ 접시에 담아 방울토마토를 곁들여 완성한다.

49 정통 달걀과 햄 샌드위치

정통 달걀과 햄 샌드위치는 햄과 달걀은 정통적인 찻집에 있을 것 같은 샌드위치이다. 마요네즈와 버무린 삶은 달걀과 햄, 아삭아삭한 채소의 식감이 매우 잘 맞는 샌드위치이다. 재료는 취향에 따라 조절해도 좋다.

재료(1인분)

식빵 슬라이스 4장
달걀 1개
얼음물 1,000ml
소금 1~2g
햄 1장

버터 5g
물 1,000ml
마요네즈 15g
오이 1개
양상추 1장

만드는 법

① 양상추는 깨끗이 씻고 물기를 잘 닦아낸다.
② 오이는 꼭지를 떼어 어슷썰기 한다.
③ 작은 냄비에 달걀을 넣고, 달걀을 뒤집어쓸 정도의 물을 붓고, 센불에 올려 끓으면 중불로 낮추어 10분 삶아 얼음물에 넣어 껍질을 벗긴다.
④ 그릇에 넣고 포크로 으깨고 ①을 더해 섞는다.
⑤ 식빵 슬라이스 4장 중 1장에 버터를 바르고 양상추, 햄 순서로 올려준다.
⑥ 나머지 식빵 슬라이스 사이에 끼우면 완성이다.

소금 조절은 취향에 따라 조절한다.
식빵 슬라이스는 취향에 따라 8장 자르기와 6장 자르기로도 맛있게 만들 수 있다.

50 화제의 푸짐한 볼륨 샌드위치

화제의 푸짐한 볼륨 샌드위치는 형형색색의 채소를 충분히 사이에 둔 샌드위치로 알록달록해서 보기에도 좋고 먹기에도 좋다.

재료(1인분)

식빵 슬라이스 1장   양상추 8장
토마토 1개   삶은 달걀 1개
아보카도 1개   당근 1/4개
보라양파 1/2개   마요네즈 15g
버터 10g

만드는 법

① 토마토는 1cm 폭 둥글게 썰고 삶은 달걀은 5mm 폭, 아보카도는 1cm 폭, 당근은 채썰고 보라양파는 얇게 썰어준다.
② 식빵 슬라이스를 토스트하고, 버터를 발라 준다.
③ 1장의 식빵 슬라이스에 건더기를 올린다. 또 다른 식빵 슬라이스에는 마요네즈를 바르고 포개도록 한다.
④ 랩으로 샌드 포장지를 단단히 싼다.
⑤ 포장지를 똑같이 잘라 완성한다.

샌드할 때 색상을 생각하면서 예뻐지도록 겹쳐 가면 자를 때 색이 돋보이는 샌드위치가 완성된다. 취향에 따라 샐러드 치킨이나 참치, 햄 등을 끼워도 맛있고, 잼이나 과일, 생크림을 끼워도 맛있다.

51 고등어캔 샌드위치

고등어캔 샌드위치는 특색 있는 샌드위치이다. 고등어캔을 사용하여 간단하며 점심, 술안주나 소풍 도시락으로도 추천하고 싶다.

재료(1인분)

식빵 슬라이스 4장
마요네즈 15g
베이비 리프 30g
고등어캔 100g
흑후추 1~2g

만드는 법

① 고등어캔의 끓인 국물을 썰어둡니다.
② 빵 한쪽 면에 마요네즈를 바른다.
③ 식빵 슬라이스에 고등어캔을 올리고 흑후추를 뿌린 후 베이비 리프를 올린다.
④ 나머지 장에 끼운다.
⑤ 먹기 좋은 크기로 썰어 접시에 담아 완성한다.

만들기 요령

베이비 리프는 물에 담그고 물기를 제거하면 아삭아삭한 식감을 즐길 수 있다.
고등어는 가볍게 풀면서 대담하게 큼직한 살을 넣으면 먹는 보람이 있다.
고등어 캔의 소금기와 마요네즈의 맛뿐이므로 흑후추를 넣으면 맛이 바래지 않게 된다.

52 국물이 들어간 두꺼운 달걀 샌드위치

국물이 들어간 두꺼운 달걀 샌드위치는 두껍게 구운 달걀을 간단하게 식빵 슬라이스에 끼운 샌드위치이다. 찜을 하여 매우 푹신푹신해지고 씹으면 입안에서 흰 국물이 터져나와 아주 잘 어울린다. 겨자를 잘 못 먹는 사람들에게는 마요네즈를 권한다.

재료(1인분)

달걀 4개
물 60ml
간장 5ml
겨자 1~2g
식빵 슬라이스 4장
식용유 10~20g
파슬리 1~2g

만드는 법

① 그릇에 달걀, 물, 간장을 넣고 잘 섞는다.
② 달걀말이 프라이팬을 중불로 달구어 식용유를 얇게 두른다. 달걀물을 흘리고 주위가 굳어질 때까지 올려놓는다.
③ 둘레가 굳으면 나무젓가락으로 전체를 크게 섞는다. 달걀 덩어리가 생기면 약한 불에 떨어뜨려 알루미늄 포일을 올려 3분 찜구이로 한다.
④ 불을 끄고 알루미늄 포일을 덜어 달걀을 뒤집어 1분 놓는다.
⑤ 식빵 슬라이스에 겨자를 얇게 바른다.
⑥ ⑤에 올려 먹기 좋은 크기로 잘라서 완성한다.

팬에 달걀물을 두른 후 주위가 굳을 때까지 건들지 않는다. 주위가 굳기 시작하면 나무 젓가락으로 섞어 준다. 찜통구이로 한 후, 달걀을 뒤집어 잔열로 가열하여 담그므로 불은 반드시 꺼준다.

53 조각빵 샌드위치

살짝 달콤한 빵에는 신맛과 쓴맛의 조화가 좋은 UCC 드립백 스페셜 블렌드가 잘 어울린다. 샌드하는 재료에 맞게 커피도 바꿔 보면 더 재미있다.

햄·상추·치즈와 가벼운 식감으로 신선한 산미의 햄 치즈 샌드에는, 상쾌한 맛의 커피 '하와이 코나 브랜드'를 추천한다. 전날 반죽을 만들어 두면 다음 날은 샌드하기만 하면 아침 식사에 딱이다. 나들이철에도 유용하게 쓰이는 배합으로 꼭 경험해 보기 바란다.

재료(1인분)

[치기리빵 재료]

강력분 50g	설탕 15g
드라이 이스트 5g	소금 1g
무염버터 (실온) 5g	우유(40℃ 내외) 170g
강력분(마감용) 100g	

[달걀샌드]

삶은 달걀 1개	마요네즈 5g
양상추 50~100g	마요네즈 10~20g

[햄 치즈]

햄 1장	체다 치즈 1장
양상추 50~100g	마요네즈 10~20g
데리야끼 샌드위치	닭꼬치 통조림 1캔
양배추(채썬 것) 50~100g	사과 치즈 샌드위치
크림치즈 30~50g	사과잼 10~20g

① 틀에 쿠킹시트를 붙여 두고 오븐을 180℃의 예열해 둔다.
② 주먹밥을 만든다. 사발에 강력분을 넣고 ①을 각각의 위치에 추가하면 이스트에 우유를 잘 붓는다.
③ 한 덩어리가 되면 받침대에 올려 잘 반죽한다. 표면을 말끔하게 하여 사용하던 그릇에 다시 담아 랩을 씌워 40℃ 전후에서 30분 발효한다(1차 발효).
④ 발효 후 반죽을 9등분하여 둥글게 만들고 젖은 행주를 뿌려 10분 정도 둔다(벤치타임). 그 후 공기를 빼고 다시 둥글게 말아서 틀에 정렬하면 젖은 행주, 랩을 씌워 40℃ 내외로 30~40분 발효한다(2차 발효).
⑤ 강력분을 뿌려주고 180℃에서 15분 동안 굽는다.
⑥ 굽는 동안 삶은 달걀을 잘게 풀어 마요네즈와 버무려 놓는다.
⑦ 열이 없어지면 칼집을 낸 후 원하는 재료를 끼워 넣는다.

반죽할 때는 표면이 반들반들할 때까지 제대로 반죽한다.
벤치타임은 생략이 가능하지만, 도입했을 때 보다 부드러운 생지로 완성되어 맛있다.
9등분 했을 때의 천은 50g 내외이다.
발효기능으로 조절할 때에는 2차 발효하기 5분 전에 꺼내 예열을 넣어준다.
재료는 원하는 것을 넣어준다.

아삭아삭함이 즐겁다 – 양배추와 참치의 샌드위치

아삭아삭함이 즐겁다–양배추와 참치의 샌드위치는 평소 먹던 참치 샌드에 양배추를 넣은 것으로 아삭아삭한 식감이 즐거운 색다른 참치 샌드위치이다. 볼륨 만점에 포만감이 뛰어나다. 살짝 레몬 향이 나는 마요네즈가 참치를 깔끔하게 마무리해 준다.

재료(1인분)

참치캔 1통
양배추 50g
토마토 1개
식빵 슬라이스(6장짜리) 4장
마요네즈 15g
소금, 후추 5g
레몬즙 5g
버터 10~20g

만드는 법

① 참치 기름은 미리 버리고 버터는 실온에 놓아 둔다.
② 양배추는 잘게 썰고 토마토는 4장 다진다.
③ 그릇에 ①을 모두 넣고 섞은 뒤 양배추를 넣고 섞는다.
④ 식빵 슬라이스에 버터를 발라 ③을 올리고 마지막으로 토마토, 식빵 슬라이스를 겹쳐 완성한다.

3인분 이상 만들 경우 재료와 양념을 두 배로 준비한다.
버터는 무염, 유염 둘 다 사용할 수 있다.
참치캔은 기름을 확실히 빼준다.
식빵 슬라이스는 8장 자르기와 5장 자르기로도 대체할 수 있다.
토마토는 방울토마토로도 대체할 수 있다. 반으로 잘라서 올려준다.

55 샌드위치 싸는 법

샌드위치 포장법 소개이다. 최근 샌드위치는 화려한 재료를 듬뿍 넣어 두께가 있는 것이 많다. 집에서 만든 샌드위치도 예쁘게 포장해 보는 것은 어떻게 생각합니까. 싸는 방법은 간단하기 때문에 원하는 종이로 귀엽게 마무리해 준다.

재료(1인분)

샌드위치 1개
쿠킹 시트(30cm×50cm) 1장

만드는 법

① 쿠킹시트를 펴고 중앙에 샌드위치를 올려놓는다.
② 1cm 폭으로 접고 샌드위치에 딱 맞을 때까지 접는다.
③ 좌우 부분은 위에서 눌러 삼각으로 접어 바닥으로 돌려 구부린다.
④ 칼로 반으로 잘라 완성한다.

만들기 요령

샌드위치는 표면이 반들반들한 쿠킹 시트를 사용하면 포장하기 쉽다.
쿠킹 시트는 샌드위치 폭의 3배 정도의 길이를 준비해준다.
재료를 많이 넣은 샌드위치를 쌀 경우는 4배 정도의 길이를 준비하고 길이에 여유를 두면 싸기 쉽다.
이때 랩으로 감은 후 쿠킹 시트로 싸면 취급하기 쉽다.

56 빙글빙글 샌드위치 도시락

빙글빙글 샌드위치 도시락은 돌돌 말아서 만든 샌드위치 도시락으로 샌드위치는 취향에 맞게 다양한 종류로 즐길 수 있다.

포장하는 방법도 색달라서 매우 귀여운 샌드위치가 될 것이다. 귀여운 샌드위치 도시락을 시도해 보자.

재료(1인분)

식빵 슬라이스 6장　　　　　　버터 15g
달걀 1개　　　　　　　　　　물 100ml
두껍게 썬 햄 1장　　　　　　소금, 후추 1~2g

[토핑용]
마요네즈 15g　　　　　　　소금 1~2g
양상추 50~100g　　　　　딸기잼 15g
휘핑크림 30~50g　　　　　슬라이스 치즈 1장

만드는 법

① 냄비에 달걀을 넣고 달걀이 잠길 만큼 물을 부어 중불에서 15분 정도 삶은 다음, 찬물에 넣어 식힌 후 껍질을 벗긴다.
② 두껍게 썬 햄은 잘게 썰어 중불에서 소금, 후추로 간한다.
③ ①을 그릇에 담고 포크로 으깨어 마요네즈, 소금을 넣고 섞는다.
④ 식빵 슬라이스에 버터를 바른다.
⑤ 1장에 딸기잼을 바르고 휘핑크림을 짜준다.
⑥ 1장에 양상추를 얹고 햄, 슬라이스 치즈를 얹는다.
⑦ 나머지 장에 달걀을 얹는다.
⑧ 각각 랩에 올려 돌돌 말아서 양쪽 끝을 고정하여 완성한다.

삶은 달걀은 반숙이 아니라, 확실히 익힌다. 따뜻한 상태로는 상하기 쉬우므로 샌드위치
에 올리기 전에 확실히 식혀야 한다.
마찬가지로 햄도 식힌 후에 샌드위치에 올려야 한다.
휘핑크림은 직접 만든 것을 사용해도 좋다.

BLT 샌드위치 배합

베이컨, 양상추, 토마토를 사이에 둔 BLT 샌드위치를 먹어보는 건 어떨까? 재료가 풍부해서 포만감이 충분한 샌드위치이다. 베이컨은 바삭바삭하게 구우면 식감과 풍미가 좋고 한층 더 맛있어지니 꼭 만들어 보자.

재료(1인분)

식빵 슬라이스 3장
토마토 100g
양상추 100g
베이컨(두껍게 썰기) 30g
마요네즈 5g
머스터드(알갱이) 5g

만드는 법

① 토마토는 1cm 폭으로 자른다.
② 양상추는 한입 크기로 손으로 뜯는다.
③ 중불로 달군 팬에 베이컨을 넣고 굽는다. 3분 정도 구운 후 색이 익으면 불에서 내려 잔열을 취한다.
④ 랩을 깔고 식빵 슬라이스를 올리고 1장의 한 면에 마요네즈를 바르고 나머지 식빵 슬라이스의 한쪽 면에 머스터드를 바른다.
⑤ 마요네즈를 바른 면에 ③, ①의 순서로 겨자를 바른 면을 아래로 하여 식빵 슬라이스을 겹친다. 랩으로 감싸서 먹기 좋은 크기로 잘라서 랩을 제거한다.
⑥ 그릇에 담아 완성한다.

소금 간은 취향에 따라 조절한다.
랩으로 단단히 싸면 칼로 자를 때 잘 부서지지 않는다.

58 키위와 코티지 치즈의 프릴 샌드위치

키위와 코티지 치즈의 프릴 샌드위치는 키위의 생생한 색상이 빵에서 프릴처럼 들여 다보여 보기에도 귀여운 샌드위치이다. 안에 코티지 치즈를 넣으면 깔끔하게 먹을 수 있다. 환대나 파티 등을 즐기기에 좋다.

재료(1인분)

식빵 슬라이스 4장
키위 1개
휘핑크림 15g
코티지 치즈 15g
꿀 5g

만드는 법

① 식빵 슬라이스는 어슷하게 등분하여 자른다.
② 키위는 껍질을 벗겨 얇은 둥글게 썰어 원형틀로 도려내고 나머지는 굵게 다진다.
③ ②를 잘 버무린다.
④ ①에 ③을 바른다.
⑤ ④의 절반에 동그라미 모양으로 도려낸 것을 주위에 얹고, 테두리를 채운다. 굵게 다 진 것을 안쪽으로 올리고 나머지 ④를 3번 칠한 것을 안쪽으로 포개어 놓는다.
⑥ 접시에 담아 완성한다.

이 배합은 꿀을 사용하므로 만 1세 미만(영유아) 어린이가 먹지 않도록 주의한다.
꿀은 설탕으로도 대용할 수 있다. 각각 종류에 따라 단맛이 다르기 때문에 취향에 따라
조절한다.

59 감과 코티지 치즈와 생햄 샌드위치

제철 감을 사용한 감과 코티지 치즈와 생 햄 샌드위치는 감의 달콤함과 코티지 치즈의 깊이, 햄의 짠맛이 조화롭고 맛있다. 적은 재료로도 쉽게 만들 수 있으니 꼭 만들어 보기 바란다.

재료(1인분)

식빵 슬라이스 2장
감 1/4개
코티지 치즈 50g
생햄 40g
꿀 5g

만드는 법

① 감 껍질을 벗겨 씨를 뺀 뒤 5mm 폭으로 썬다.
② 식빵 슬라이스에 코티지 치즈를 두껍게 바르고 꿀을 얹은 후 ①과 햄을 얹어 식빵 슬라이스에 올린다.
③ 랩에 싸서 냉장고에 10분 정도 식힌 후 진정시킨다.
④ ③을 3등분으로 잘라서 접시에 담으면 완성이다.

만들기 요령

감 외에 망고 등으로 대용할 수 있다.
이 배합은 꿀을 사용하므로 만 1세 미만(영유아) 어린이가 먹지 않도록 주의한다.

60 베이컨 달걀 샌드위치

베이컨 달걀 샌드위치는 바삭바삭하게 구운 베이컨과 천천히 구운 달걀 프라이를 끼워 넣은 샌드위치이다. 아침 식사에도 도시락으로도 알맞다. 도시락으로는 완숙 달걀 프라이이지만, 바로 먹는다면 반숙도 가능하다. 꼭 만들어 보자.

재료(1인분)

식빵 슬라이스(6장 짜리) 2장   베이컨 40g
달걀 1개   샐러드유 5g
소금, 후추 1~2g   버터 5g
머스터드(알갱이) 5g   케첩 5g
드라이 바질 1~2g   마요네즈 5g

만드는 법

① 식빵 슬라이스를 토스터기에 굽는다.
② 달걀말이용 프라이팬을 달구어 식용유를 넣고 베이컨을 중불에서 굽는다.
③ 베이컨을 뒤집으면 약불로 조절한 후 위에 달걀을 붓고 소금, 후추를 뿌려 천천히 굽는다.
④ 달걀이 반쯤 굳으면 프라이 반죽을 사용하여 뒤집어서 약한 불에서 굽는다.
⑤ 한번 더 뒤집어서 노른자 부분을 살짝 눌러 뭉쳐있는 것을 확인한 후 불에서 내려 대충 열을 식힌다.
⑥ ①의 1장에 아리시오 버터와 입겨자를 바르고 ⑤를 올린다.
⑦ 달걀 프라이 위에 케첩을 바르고 드라이 바질을 뿌린다.
⑧ ①의 또 다른 빵에 마요네즈를 발라 ⑦에 씌우면 완성이다.

식빵 슬라이스는 6장 자르기를 사용했지만, 8장 자르기로도 맛있게 만들 수 있다.

달걀을 확실히 익히기 위해 앞뒤 양면에서 천천히 구웠지만 취향에 따라 물을 더해 뚜껑을 덮고 찜구이로 해도 괜찮다.

굽기 정도는 사용하는 토스터에 따라 알맞게 조절한다.

61 시금치 소테 샌드위치

시금치 소테 샌드위치는 시금치, 베이컨, 옥수수를 볶아서 끼워 넣은 샌드위치이다. 치즈도 첨가해서 영양이 넘치니까, 시간이 없을 때 얼른 만들어 먹거나 야식으로 먹거나 언제든 만들어 먹을 수 있다.

재료(1인분)

식빵 슬라이스(샌드위치용) 4장
시금치 1포기
베이컨 40g
옥수수 5g
올리브오일 5g
소금, 후추 1~2g
버터 5g
슬라이스 치즈 2장

만드는 법

① 버터는 실온으로 돌려놓는다.
② 시금치는 1cm 폭으로 토막내고 베이컨은 1cm 폭으로 자른다.
③ 팬에 올리브오일을 두르고 ②를 중불에서 볶는다.
④ 다 익으면 콘을 넣고 소금과 후추로 간을 맞춘다.
⑤ 샌드위치용 빵 2장에 버터를 바른다. 나머지 장에 슬라이스 치즈를 얹는다.
⑥ 슬라이스 치즈 위에 ④를 올리고, 버터를 바른 빵을 겹치면 완성이다. 원하는 모양으로 잘라준다.

볶은 시금치의 수분을 제거하면 샌드위치가 싱거워지는 것을 막을 수 있다.
빵에 버터나 마요네즈를 바르거나 치즈를 깔면 채소의 수분이 빵으로 이동하는 것을 막
을 수 있기 때문에 맛있게 먹을 수 있다.
식빵 슬라이스는 샌드위치용 외에 8장 자르기, 6장 자르기도 된다.

62 **콩나물에 듬뿍 샌드위치**

콩나물에 듬뿍 샌드위치는 콩나물과 닭가슴살을 겨자 마요네즈로 버무려 듬뿍 끼운 샌드위치이다. 아보카도와 당근도 함께 끼워 넣어 배색이 깔끔하고 볼륨이 넘치는 일품이다. 콩나물은 마요네즈와 아주 잘 어울리므로 꼭 한번 시도해 보자.

재료(1인분)

식빵 슬라이스(6장짜리) 2매	콩나물 1팩
당근 50g	아보카도 1개
레몬즙 5g	닭가슴살(60g) 1병
사케 5g	마요네즈 15g
겨자(알갱이) 5g/15g	소금, 후추 1~2g
버터 5g	흑후추 1~2g

만드는 법

① 버터를 실온으로 돌려놓는다.
② 콩나물은 밑동을 잘라내고 씻어 먹기 좋은 길이로 큼직하게 썰어준다.
③ 당근은 가늘게 채썬다.
④ 아보카도는 얇게 썰어 레몬즙을 뿌린다.
⑤ 닭가슴살은 내열접시에 올려놓고 술을 뿌린 후 랩으로 싸서 600W의 전자조절에 1분만 가열한다.
⑥ 열이 내린 아보카도를 그릇에 풀고 버터를 더해 잘 버무립니다.
⑦ 식빵 슬라이스 1장에 유염버터를 바른다.
⑧ ⑥에 당근을 늘어놓고 ⑤를 얹은 뒤, 흑후추를 뿌리고 또 하나의 빵을 겹쳐 완성한다. 원하는 모양으로 잘라준다.

63 고추냉이 마요 여주의 샌드위치

고추냉이 마요 여주의 샌드위치는 여주의 쓴맛이 견딜 수 없는, 어른용 샌드위치이다. 간장으로 완성한 마요네즈 소스에 고추냉이를 넣어 만든 색다른 샌드위치이다.

재료(1인분)

식빵 슬라이스 8장　　　　여주 1개
참치 100g　　　　　　　양파 50g
소금 약간　　　　　　　마요네즈 15g
고추냉이 5g　　　　　　간장 15g
버터 10g　　　　　　　물(표지용) 500g

만드는 법

① 채소는 잘 씻어 두고 참치는 물기를 빼 놓는다.
② 양파는 섬유를 끊듯이 얇게 썰어 물에 담갔다가 물기를 뺀다.
③ 여주는 꼭지와 내장을 제거하고 5mm 폭으로 잘라 소금으로 문지른 후 흐르는 물에 씻어 물기를 뺀다.
④ ③을 내열 볼에 넣고 600W의 전자조절에 1분 동안 익힌 후 열을 식힌다.
⑤ 식빵 슬라이스를 노릇노릇해질 때까지 토스터기에 굽는다.
⑥ 채소와 양파를 함께 섞는다.
⑦ 채소와 양파를 그릇에 담아 고추냉이를 잘 버무린다.
⑧ 식빵에 버터를 바르고 채소류를 사이에 두고 반으로 자르면 완성이다.

단호박 샐러드 듬뿍 샌드위치

단호박 샐러드 듬뿍 샌드위치는 차분히 볶아 단맛이 나는 양파와 고소하게 구운 떡 소시지, 그리고 고소하게 구운 견과류의 식감이 어우러지는 맛있는 호박 샐러드를 식빵 슬라이스에 끼워 샌드위치로 만든다.

재료(1인분)

[호박 샐러드]

호박 1/4개	양파 1개
소시지 5개	호두 50g
아몬드 50g	마요네즈 50g
소금 1~2g	후추 1~2g
샐러드유 15g	

[샌드위치]

식빵 슬라이스 장	상추 1장
마요네즈 5g	입겨자 5g

만드는 법

① 호두와 아몬드는 오븐에서 180℃로 5분 구워서 봉지에 넣고 밀대로 빻아 놓는다.
② 양파는 얇게 썰고 소시지는 5mm 두께로 둥글게 썰어준다.
③ 호박은 씨를 빼고 랩에 싸서 전자조절에 가열한다(5분 정도).
④ 팬에 식용유를 두르고 양파가 시들시들해질 때까지 볶고 비엔나도 더해 볶는다.
⑤ 호박이 부드러워지면 나무주걱 등으로 으깨고 ④도 섞어 마요네즈로 버무리고 호두와 아몬드를 넣는다.
⑥ 소금, 후추로 간을 맞추면 샐러드 완성이다
⑦ 식빵 슬라이스 한쪽에 마요네즈, 다른 한쪽에 겨자를 바른다.

⑧ 마요네즈 쪽에 상추를 놓고 호박 샐러드를 원하는 만큼 담아 다른 한쪽의 빵을 겹친다.
⑨ 쿠킹페이퍼로 샌드 오른쪽 반과 왼쪽 반을 감고, 사이를 칼로 자르면 완성이다.

만들기 요령

양파는 단맛이 날 때까지 푹 볶는다. 양파 맛이 샐러드에 감칠맛을 더한다. 견과류는 로스팅하면 고소함이 더해진다. 토스터도 좋으니 태우지 않을 정도로 굽는다.
호박 샐러드의 양이 많기 때문에 무너지지 않도록 쿠킹 페이퍼로 감는다. 랩이든 알루미늄 포일이든 상관없다.

65 도시락에 팥고구마 샌드위치

도시락에 단팥과 고구마 샌드위치는 부드러운 단맛의 고구마와 알맹이를 끼운 샌드위치이다. 갓 쪄서 말랑말랑하여 나도 모르게 중독되는 맛이다. 아침 식사나 간식으로 꼭 만들어 보자.

재료(1인분)

식빵 슬라이스 4장
고구마 30~70g
유염 버터 20g
꿀 15g
찰팥 40g

만드는 법

① 고구마는 껍질을 벗겨 놓는다.
② 고구마는 한입 크기로 자른다. 내열볼에 담고 랩을 씌워 600W의 전자조절에 부드러워질 때까지 4분 정도 가열하고 뜨거울 때 포크로 거칠게 으깬다.
③ 고구마에 버터, 꿀, 팥을 넣고 잘 섞는다.
④ 식빵 슬라이스에 반죽을 바르고 ③을 올리고 식빵 슬라이스를 겹친다. 마찬가지로 하나 더 만든다.
⑤ 대각선으로 어슷하게 잘라 그릇에 담아 완성한다.

이 배합은 꿀을 사용하므로 만 1세 미만(영유아) 어린이가 먹지 않도록 주의한다.
꿀은 설탕으로도 대용할 수 있다. 재료에 따라 단맛이 다르기 때문에 취향에 따라 조절
한다.
가열기구에 따라 가열시간이 다르므로 고구마의 상태를 보면서 가열시간을 조절한다.

66 오이와 달걀 샐러드의 프릴 샌드위치

사랑스러운 샌드위치를 소개한다. 달걀 샐러드에 섞은 베이컨의 맛이 강조된다. 잘라서 올리기만 하면 되기 때문에 자녀와 함께 만드는 것도 즐겁다.

재료(1인분)

식빵 슬라이스 4장
오이 1개
삶은 달걀 1개
베이컨(블록) 50g
마요네즈 15g
가루 치즈 15g

만드는 법

① 오이는 꼭지를 잘라 어슷썰기를 한다.
② 삶은 달걀과 베이컨은 잘게 다진다.
③ 그릇에 마요네즈, 가루치즈를 넣고 고루 섞는다.
④ 식빵 슬라이스의 뒷부분이 채워지도록 ①을 놓고 ③을 얹고 나머지 식빵 슬라이스를 겹쳐 반으로 자른다.
⑤ 접시에 담아 완성한다.

67 포도와 크림치즈의 샌드위치

포도와 크림치즈의 샌드위치는 진한 크림치즈와 포도가 잘 어울려서 아주 맛있다. 씨 없는 포도를 사용하고 있으므로 사전준비의 수고도 줄일 수 있다. 간단하게 만들 수 있어 간식이나 아침 식사로도 좋다.

재료(1인분)

식빵 슬라이스 4장
포도(씨 없음) 100g
크림치즈 50g
우유 15g
꿀 5g
민트 1~2g

만드는 법

① 크림치즈는 실온으로 돌려놓는다.
② 포도는 반으로 자른다.
③ 그릇에 ①을 넣고 잘 섞는다.
④ 식빵 슬라이스 4장에 크림치즈를 바른다. 식빵 1장에 ②를 올리고 나머지 식빵 슬라이스에 올린다. 랩으로 감싸서 5분 정도 놓아 둔다.
⑤ 먹기 좋은 크기로 썰어 그릇에 담고 민트를 곁들여 완성한다.

치즈는 가열을 하지 않아도 먹을 수 있는 것을 사용한다. 치즈에 따라 가열을 하지 않으면 먹을 수 없는 것도 있으므로 주의한다.

이 배합은 꿀을 사용하므로 만 1세 미만(영유아) 어린이가 먹지 않도록 주의한다.

꿀은 설탕으로도 대용할 수 있다. 각각 종류에 따라 단맛이 다르기 때문에 취향에 따라 조절하도록 한다.

68 귤과 코티지 치즈 샌드위치

이유식 완료기(1세~1세 반 경)부터 시작하는 귤과 코티지 치즈 샌드위치이다. 무가당 요구르트를 첨가하여 부드럽고 귤의 부드러운 단맛을 느낄 수 있는 일품이다. 좋아하는 과일을 섞어도 맛있다.

재료(1인분)

식빵 슬라이스 2장
귤 15g
코티지 치즈 15g
무가당 요구르트 5g

만드는 법

① 귤은 껍질을 벗겨 1cm 폭으로 썬다.
② 그릇에 코티지 치즈, 무가당 요구르트를 넣고 섞는다.
③ 식빵 슬라이스 1장을 올리고 1장을 더 끼운다.
④ 4등분으로 자른다.
⑤ 그릇에 담아 완성한다.

채색 채소와 햄 샌드위치

채색 채소와 햄 샌드위치는 여러 가지 채소와 햄 샌드위치의 배합이다. 잘게 썬 채소와 접은 햄을 꽉 끼우는 것으로 예쁜 단면이 된다. 손쉽게 구입할 수 있는 채소로 쉽게 만들 수 있으므로 꼭 한번 만들어 보자.

재료(1인분)

식빵 슬라이스 2장　　　　　　햄 4장
오이 1개　　　　　　　　　　보라양파 1개
물(표지용) 200g　　　　　　당근 60g
양상추 100g

[머스터드 마요네즈]
마요네즈 15g　　　　　　　머스터드(알갱이) 5g
버터 10g

만드는 법

① 오이는 꼭지를 잘라 놓는다. 당근은 껍질을 벗겨 놓는다. 아리시오 버터는 실온으로 돌려놓는다.
② 그릇에 머스터드 마요네즈 재료를 넣고 잘 섞는다.
③ 오이는 잘게 썰어준다.
④ 당근은 잘게 썰어준다.
⑤ 보라양파는 얇게 썰어 물그릇에 5분 정도 담가놓는다.
⑥ 식빵 슬라이스 1장에 ①을 바르고 양상추, 햄, 물기를 뺀 ④, ③의 순서로 올려준다. 또 다른 식빵 슬라이스에 버터를 발라 겹친다.
⑦ 랩으로 싸서 5분 정도 두었다가 반으로 잘라 접시에 담아 완성한다.

머스터드 마요네즈의 머스터드 분량은 취향에 따라 조절하면 된다.
랩으로 싼 채로 자르므로 깨끗하게 자를 수 있다.

70 프랑스 빵 베이컨 샌드위치

프랑스 빵 베이컨 샌드위치는 베이컨이 듬뿍 들어가고 흑후추로 마무리한 샌드위치이다. 빵에 버터와 마요네즈를 바르는 것으로 맛을 더하고, 빵에 수분이 스며드는 것을 방지하기 때문에 맛있게 먹을 수 있다.

재료(1인분)

프랑스 빵 4조각
버터 10~20g
마요네즈 10~20g
베이컨(롱) 8장
양상추 2장
흑후추 1~2g

만드는 법

① 양상추는 씻어 물기를 잘 뺀다.
② 프랑스 빵은 두껍게 잘라 중앙에 칼집을 낸다.
③ 중앙의 한 면에 버터를 바르고, 다른 면에는 마요네즈를 바른다.
④ 양상추를 넣고 베이컨을 접어서 넣는다.
⑤ 흑후추를 뿌려서 완성한다.

71 치즈 프렌치 토스트 연어 샌드위치

치즈 프렌치 토스트 연어 샌드위치는 카페 같은 멋진 맛의 조합으로 치즈와 훈제 연어를 사용한 조금 리치하고 세련된 프렌치 토스트이다. 감칠맛이 나면서도 깔끔한 풍미의 소스가 연어와 빵과 어우러져 매우 맛있다.

재료(1인분)

바게트 1개
우유 10ml
소금, 후추 1~2g
양상추 3장
크림치즈 50g

[크림치즈 소스]
레몬즙 5g
소금, 후추 1~2g
파슬리 1~2g

달걀 1개
가루 치즈 30g
훈제 연어 50g
버터 50g

만드는 법

① 바게트를 두께로 잘라 방망이에 정렬한다.
② 볼에 달걀, 우유, 치즈, 소금, 후추를 넣고 섞어 ①에 붓는다.
③ 다른 볼에 크림치즈, 레몬즙, 소금, 후추, 파슬리를 넣어 크림치즈 소스를 만든다.
④ 팬에 유염버터를 녹여 ①의 바게트를 올리고 약한 불에서 양면을 노릇노릇하게 굽는다.
   접시에 놓고 양상추, 연어, 크림치즈 소스를 올리면 완성이다.

바게트는 달걀물이 제대로 스며들면 괜찮지만 시간이 있으면 하룻밤 정도 두면 빵과 달걀물이 잘 섞여서 더욱 맛있게 완성된다.

소스의 크림치즈는 실온에서 미리 가볍게 풀어 두면 다른 재료와 섞이기 쉬워진다.

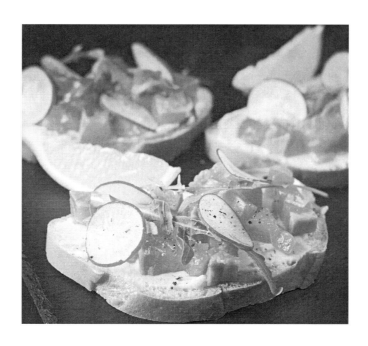

72 아보카도 연어 꼬치 샌드위치

아보카도 연어 꼬치 샌드위치는 아보카도와 연어를 꼬치에 끼운 샌드위치이다. 양상추도 충분히 들어있기 때문에 아침이나 점심 식사에도 딱이다. 꼬치에 끼워서 산산조각이 나지 않고 쉽게 만들 수 있다.

재료(1인분)

식빵 슬라이스 4장   아보카도 1개
레몬즙 5g   훈제 연어(슬라이스) 50g
양상추 30g   마요네즈 15g
유자 후추 5g   버터 5g

만드는 법

① 아보카도는 씨를 제거하고 껍질을 벗겨 놓는다.
② 아보카도는 3mm 폭으로 썰고 레몬즙을 뿌린다.
③ 그릇에 마요네즈, 유자 후추를 넣고 고루 섞는다.
④ 식빵 슬라이스 4장을 놓고 2장에 버터를 바르고 나머지 장에 바른다.
⑤ 버터를 바른 슬라이스 위에 양상추, 훈제연어, ②를 올리고 나머지 ③을 바른다.
⑥ 4등분하여 꼬챙이에 꽂아 접시에 담아서 완성한다.

만들기 요령

아보카도에 묻히는 레몬즙은 없어도 만들 수 있지만, 변색 방지를 위해 뿌리도록 한다.

73 명란 샌드위치

명란 샌드위치는 색채가 화려한 샌드위치이다. 명란젓의 핑크와 오이의 녹색으로 보는 즐거움이 있다. 마요네즈와 달걀로 부드러운 맛이 나기 때문에 먹기 쉽다. 명란젓 대신 매운 명란젓도 좋다.

재료(1인분)

식빵 슬라이스 4장
명란 30g
오이 50g
달걀 1개
마요네즈 15g
소금 1~2g
후추 1~2g
물 100~200g

만드는 법

① 냄비에 물을 붓고 중불에서 가열하여 끓인다. 달걀을 넣고 8분 정도 삶아서 물에 담가 껍질을 벗겨 놓는다.
② 오이는 채썬다. 명란젓은 껍질을 제거한다.
③ 사발에 ①을 넣고 으깨면서 잘 섞는다.
④ 식빵 슬라이스에 ③을 바르고 식빵 슬라이스를 겹쳐서 반으로 자른다.
⑤ 접시에 담아 완성한다.

74 양배추 오믈렛 샌드위치

양배추 오믈렛 샌드위치는 피자용 치즈가 들어간 간편하게 만들 수 있는 샌드위치이다. 양배추를 볶아 오믈렛으로 만듦으로써 생양배추를 끼우는 것보다 단맛이 더해져 먹기 쉽고, 빵에도 아주 잘 어울린다. 간편하게 만들 수 있다.

재료(1인분)

프랑스 빵 15cm
양배추 100g
달걀 1개
피자용 치즈 30g
소금 5g
후추 5g
샐러드유 15g
머스터드(알갱이) 15g
버터 10g

만드는 법

① 버터는 실온으로 돌려놓는다.
② 양배추는 잘게 썰어준다.
③ 중불로 달군 팬에 식용유를 두르고 ②를 볶는다. 양배추가 싱거우면 소금, 후추를 넣고 볶아준다.
④ 달걀을 풀어주고 센불에서 빠르게 전체를 섞어 반숙 상태가 되면 피자용 치즈를 얹어 접은 후 모양을 잡고 불에서 내려준다.
⑤ 프랑스 빵은 반쯤 칼집을 낸 후 오븐으로 3분 정도 노릇노릇해질 때까지 굽는다.
⑥ 칼집에 버터, 겨자를 발라 ③을 올린다. 접시에 담아 완성한다.

75 딸기의 프릴 샌드위치

딸기의 프릴 샌드위치는 쉽게 만들 수 있는 샌드위치이다. 식빵 슬라이스에 휘핑크림과 딸기를 끼우기만 하면 간단한 배합이지만, 매우 귀엽게 완성할 수 있다. 딸기는 계절 과일 대신 다른 과일로 대체해서 즐길 수 있다.

재료(1인분)

식빵 슬라이스 4장
휘핑크림 50g
딸기 8개
처빌(장식용) 1~2g

만드는 법

① 딸기는 꼭지를 잘라내고 5mm 폭의 둥글게 자른다.
② 식빵 슬라이스는 껍질을 잘라낸다.
③ 휘핑크림을 바르고 1장에 ①을 얹어 끼운 후 어슷하게 자른다.
④ 접시에 담아 처빌을 장식하여 완성한다.

만들기 요령

잘라낸 식빵 슬라이스의 귀는 취향에 따라 러스크 등으로 만들어도 아주 맛있다.
휘핑크림은 초콜릿 휘핑이나 커스터드 크림 등으로도 대체할 수 있다.

76 이탈리안 삼색 샌드위치

이탈리안 삼색 샌드위치는 간편하게 먹을 수 있어 점심이나 간식으로도 좋다. 치즈는 날것이기 때문에 빨리 먹는다.

재료(1인분)

바게트 1개
버터 20g
루콜라 30g
토마토 1개
모차렐라 치즈 1개
소금 1~2g
흑후추 1~2g

만드는 법

① 루콜라는 한입 크기로, 모차렐라 치즈와 토마토는 얇게 썰어준다.
② 빵에 반 정도 칼집을 내고, 버터를 바른다.
③ 토스터로 3분 정도 굽는다.
④ ③에 ①을 끼우고 소금, 흑후추를 뿌려주면 완성이다.

만들기 요령

모차렐라 치즈는 자르고 나서 시간이 지나면 수분이 나와 버리기 때문에 빨리 먹는다.
샌드위치 메이커에 재료를 넣고 따뜻하게 하면 파니니처럼 된다.

77 양배추 샌드위치

양배추 샌드위치는 봄 양배추가 듬뿍 들어간 샌드위치이다.

부드럽고 아삭아삭한 식감의 봄 양배추에 맛있는 햄을 끼우면 단면이 깨끗하고 풍부한 샌드위치가 된다. 아주 포만감이 있는 샌드위치이다.

재료(1인분)

식빵 슬라이스 2장   버터(바르는용) 10g
봄양배추 150g   햄 2장

[조미료]
마요네즈 10g   머스터드(알갱이) 3g

만드는 법

① 버터는 실온으로 돌려놓는다.
② 봄양배추는 채 썰어준다.
③ ①에 조미료를 넣고 버무려 5분 정도 섞는다.
④ 식빵 슬라이스에 버터를 바르고 햄을 1장 올린다.
⑤ ④를 얹고 햄을 1장 더 얹으면 식빵 슬라이스에 올린다.
⑥ 랩을 감아서 똑같이 자르면 완성이다.

만들기 요령

식빵 슬라이스에 버터를 바름으로써 수분을 흡수하기 어려워지고 빵이 싱거워지는 것을 방지하는 효과가 있다.
매운 음식을 못 먹는다면 입겨자의 양을 조절하면 된다.

78 감자 샐러드의 샌드위치

감자 샐러드의 샌드위치는 촉촉한 감자 샐러드에 감칠맛 나는 콘비프를 조합하여 식빵 슬라이스에 곁들인다. 촉촉하고 부드러운 빵과 감자 샐러드는 모두가 좋아하는 반찬 빵으로 완성된다. 파티 등에 가져가도 환영받는다.

재료(1인분)

식빵 슬라이스 6장
감자 100g
삶은 달걀 1개
콘비프 50g
마요네즈 15g
생크림 15g
소금 1~2g
흑후추 1~2g
버터 15g

만드는 법

① 감자는 껍질을 벗겨 싹을 제거해 놓는다. 아리시오 버터는 실온으로 돌려놓는다.
② 감자는 한입 크기로 자른다.
③ 삶은 달걀은 굵게 다진다.
④ 오븐에서 3분 정도 가열한다.
⑤ 부드러워지면 뜨거울 때 매끄러워질 때까지 으깬 후 콘비프, ①을 넣어 잘 섞는다.
⑥ 식빵 슬라이스의 한쪽 면에 버터를 바르고 ④를 올려 또 하나의 식빵 슬라이스에 올린다.
⑦ 4등분으로 잘라서 접시에 담으면 완성이다.

79 두부 햄버그 샌드위치

두부 햄버그 샌드위치는 비교적 저렴한 두부를 사용하기 때문에 절약 배합으로 추천한다. 통통하고 부드럽게 마무리하여 맛있다.

식빵 슬라이스 2장
마요네즈 8g
두부 햄버그 1개
소돼지 합간육 100g
두부 100g
양파 100g
샐러드유 5g
소금 3g
흑후추 5g
육두구 1~2g
토마토 1개
그린리프 1장

[소스]
소스 15g
케첩 15g

만드는 법

① 토마토는 꼭지를 제거한다.
② 두부를 키친 종이로 싸서 내열용 그릇에 넣고 오븐에서 충분히 가열하여 물기를 제거한다.
③ 토마토는 1cm 폭의 둥글게 썰어 키친타월로 물기를 닦아낸다.
④ 양파는 다진다.

⑤ 중불로 달군 팬에 식용유를 두르고 ③을 넣어 투명하게 볶으면 불에서 내려 대충 열을 가한다.

⑥ 그릇에 소돼지 고기를 넣고 저민 다음 ②를 넣고 고루 섞는다. 동그랗게 성형한다.

⑦ ⑤의 프라이팬을 중불로 달구어 ⑥을 넣고 양면이 노릇노릇해질 때까지 굽고, 뚜껑을 덮어 속살이 익을 때까지 5분 정도 찐다.

⑧ 그릇에 소스 재료를 넣고 잘 섞는다.

⑨ 식빵 슬라이스를 노릇노릇해질 때까지 오븐에 3분 정도 굽고, 한쪽 면에 마요네즈를 바른다.

⑩ 랩에 ⑧을 1장 놓고 그린리프, ⑦, ⑥순으로 올리고 나머지 ⑧을 올린다.

⑪ 랩으로 싸서 반으로 잘라 접시에 담아서 완성한다.

오이의 프릴 샌드위치

오이의 프릴 샌드위치는 오이로 만든 프릴 샌드위치이다. 양상추, 햄, 오이의 담백하고 볼륨 있는 배합로 되어 있다. 삼사각 이외에도 원형이나 하트로 도려내는 것도 상당히 귀엽다. 아이와 함께 귀여운 샌드위치를 만들어 보자.

재료(1인분)

식빵 슬라이스 2장
양상추 3장
햄 1장
오이 1개
흑후추 1~2g
버터 10g
겨자 마요네즈 10g
마요네즈 15g
반죽 겨자 15g

만드는 법

① 버터는 실온으로 돌려놓는다. 오이는 5mm 폭으로 둥글게 썰어준다.
② 그릇에 겨자 마요네즈 재료를 넣고 섞는다.
③ 식빵 슬라이스는 껍질을 잘라내고 1장에 버터를 발라 양상추, 햄, 흑후추를 올려 대각선으로 자른다.
④ 남은 식빵 슬라이스에 버터, 겨자, 마요네즈를 바르고 대각선으로 자른다.
⑤ 식빵 슬라이스에서 벗어나도록 ③에 오이를 얹고 ④에 끼워서 완성이다.

81 단새우의 코울슬로 샌드위치

단새우의 코울슬로 샌드위치는 조금 배가 고플 때나 점심, 아침 식사 등에 매우 적합하다. 겨자 대신 케첩을 더해도 맛있게 먹을 수 있다. 냉장고에 남은 채소를 더해도 맛있게 먹을 수 있으므로 취향에 맞게 조절한다.

재료(1인분)

코페빵 1개
양배추 80g
단새우(회) 7마리
아몬드 5g
마요네즈 15g
레몬즙 5g
겨자 5g
소금 1~2g
흑후추 1~2g
파슬리 1~2g
방울토마토 2개

만드는 법

① 아몬드는 봉지 등에 넣어 잘게 부순다.
② 양배추는 채 썰어준다. 단새우도 먹기 좋은 크기로 나눈다.
③ 그릇에 ①을 넣고 잘 섞는다.
④ 코페빵은 가운데 세로로 칼집을 낸다.
⑤ ①에 ③을 채워 먹기 좋은 크기로 나눈다.
⑥ 접시에 ④와 파슬리, 방울토마토를 담아 완성한다.

82 달걀 샌드위치

달걀 샌드위치는 슬라이스 치즈와 로스 햄을 달걀말이에 끼워 샌드위치 식으로 마무리를 해 보았다. 노릇노릇하게 구운 달걀에 살살 녹은 치즈와 로스 햄의 맛이 잘 어울린다. 원하는 빵에 끼워도 맛있게 먹을 수 있다.

재료(1인분)

달걀 1개
슬라이스 치즈 1장
햄(등심) 1장
소금 1~2g
흑후추 1~2g
샐러드유 15g
케첩 15g
파슬리(생, 장식용) 1~2g

만드는 법

① 그릇에 달걀을 깨 넣고 ①을 넣어 잘 섞는다.
② 달걀말이 팬에 식용유를 두르고 ①을 넣어 중불에서 반숙 상태가 될 때까지 휘젓는다.
③ 약한 불로 해서 알루미늄 포일을 올려놓고 전체가 익을 때까지 3분 정도 굽는다.
④ 슬라이스 치즈, 햄, 슬라이스 치즈의 순서로 달걀을 반으로 접는다.
⑤ 불을 끄고 랩으로 감싸 5분 정도 올려준다.
⑥ 삼각으로 잘라서 그릇에 담고 케첩과 파슬리를 곁들여 완성이다.

83 새우와 명태 크림치즈의 핫 샌드위치

새우와 명태 크림치즈 핫 샌드위치는 새우와 명란젓의 맛과 진한 크림치즈가 잘 어울려서 맛있다. 상쾌한 향기가 나는 딜이 특징이 될 것이다. 아침 식사나 간식 때 좋다.

재료(1인분)

식빵 2장
새우(보일) 80g
크림치즈 60g
명란 20g
딜 1g
마요네즈 15g
소금 1~2g
후추 1~2g
버터 10g
딜(장식) 1~2g

만드는 법

① 명란젓은 얇은 껍질에서 꺼내어 풀어 둡니다. 크림치즈, 아리시오 버터는 실온으로 잘 돌려 놓는다.
② 딜은 잘게 다진다.
③ 알루미늄 포일을 깐 상판에 식빵을 올리고 오븐으로 3분 정도 구울 때까지 굽는다.
④ 그릇에 ①을 넣고 잘 섞는다.
⑤ ②의 한쪽 면에 버터를 발라 명란젓을 올리고 또 다른 식빵에도 올린다.
⑥ 2등분하여 그릇에 담아 딜을 곁들여 완성이다.

조미료는 취향에 따라 조절한다.

명란젓은 오징어 젓갈로도 대체할 수 있다.

사용하는 토스터 기종에 따라서 굽는 정도가 다르기 때문에 상태를 보면서 조절한다.

200℃에서 굽는다.

84 카페풍 프랑스 빵의 프렌치 토스트

푹신푹신한 프렌치 토스트 카페풍으로 휴일의 브런치에 추천한다.

재료(1인분)

프랑스 빵 4개
달걀 1개
우유 120g
마스카르포네 치즈 20~30g
꿀 20~30g
버터 10g
과일 50~100g
슈거파우더 10~20g
과일소스 10~20g

만드는 법

① 우유에 마스카르포네 치즈를 넣고 잘 섞는다.
② 꿀과 달걀을 넣고 잘 섞어 프랑스 빵에 넣는다.
③ 프랑스 빵을 넣고 1시간 이상 냉장고에서 재운다.
④ 팬에 버터를 넣고 재워둔 프랑스 빵을 넣어 양면을 노르스름하게 굽는다.
⑤ 그릇에 원하는 과일을 담고 슈거파우더와 과일소스를 뿌리면 완성이다.

샌드위치의 용어 정리

베이컨 샌드위치: 영국 요리, 케첩 또는 브라운소스와 함께 먹는 샌드위치이다.

베이컨과 달걀과 치즈 샌드위치: 미국 요리, 아침식사로 먹을 때는 대개 달걀 프라이 또는 스크램블 에그가 사용된다.

구운 샌드위치: 구운 빵과 검은 빵에 버터를 발라 재료를 토핑한 미국식 샌드위치이다.

바인미: 베트남 요리, 고기나 서딘, 두부, 퍼티 등을 당근 초절임이나 고수, 고추 등과 함께 구멍이 많은 바게트에 끼운 샌드위치이다.

바비큐 샌드위치: 미국 요리, 토막 낸(썰거나 잘게 다지는 경우도 있는) 풀드 포크(돼지고기)나 닭고기, 쇠고기를 햄버거용 반스에 끼워 넣은 것이다. 코울슬로를 토핑으로 쓰기도 한다.

바로스 자파: 칠레 요리, 햄이나 치즈(통상은 파머 치즈와 비슷한 mantecoso) 샌드위치이다.

바로스 루코: 칠레 요리, 두껍게 썰어 구운 쇠고기와 치즈 샌드위치이다.

바우루: 브라질 요리, 녹인 치즈와 로스트비프, 토마토, 오이 피클을 속을 도려낸 롤빵에 넣은 것이다.

비프 온 웩: 미국 요리, 로스트 비프를 카이저 롤에 끼운 샌드위치이다.

BLT 샌드위치: 미국 요리, 베이컨(B), 양상추(L), 토마토(T)를 끼운 샌드위치로 얇게 썰어 토스트한 빵에 마요네즈를 바른 뒤 재료를 끼우는 경우가 많다.

볼로냐 샌드위치: 미국 요리, 흰 빵에 얇게 썬 볼로냐 소시지(구울 수 있음)를 끼워 놓고 케첩이나 겨자 마요네즈 등을 뿌린 샌드위치이다.

보스나: 오스트리아 요리, 구운 흰 빵에 브라트브르스트와 양파를 넣고 토마토케첩과 겨자와 카레 가루로 간을 맞춘 것이다.

브렉퍼스트롤: 영국 요리, 아일랜드 소시지와 베이컨, 화이트푸딩(또는 블랙푸딩), 양송이, 토마토, 해시드포테이토, 달걀 프라이 등 아침 식사를 케첩이나 브라운소스로 간을 맞춰 빵에 끼워 넣은 것이다.

브렉퍼스트 샌드위치: 미국 요리, 스크램블 에그 내지는 달걀 프라이와 치즈, 브렉퍼스트 소시지 같은 아침 요리를 비스킷이나 잉글리시 머핀에 끼워 넣은 것이다.

영국 국철 샌드위치: 영국 요리, 영국 국철에서 팔리던 샌드위치로, 워낙 맛이 없어서 영국 국철이 해체된 지금은 오래된 샌드위치를 가리키는 말로 쓰이고 있다.

브로체 크로켓: 네덜란드 요리, 찜 요리를 재료로 한 크로켓을 겨자로 양념하여 카이저 롤에 끼운 것이다.

반 케밥 케밥: 파키스탄 요리, 튀김구이로 만든 스파이시 패티, 양파, 그리고 차트니 또는 라이타를 햄버거 또는 핫도그번에 올린다.

부터브로트: 독일 요리, 버터를 바른 빵 위에 재료를 얹어 오픈 샌드위치로 만든 것으로 부터브로트라고 불리기도 한다.

세미타: 멕시코 요리, 얇게 썬 아보카도와 고기와 흰 치즈와 "salsa roja"라고 불리는 붉은 소스를 참깨 풍미의 폭신폭신한 번즈에 끼운 샌드위치. 푸에브라가 발상지로 알려져 있다.

차카레로: 칠레 요리, 얇게 썬 초리소 또는 로미토(lomito) 돼지고기와 토마토와 녹색 콩과 풋고추를 둥근 번스에 끼워 넣은 샌드위치이다.

치즈 샌드위치: 1종류 또는 여러 종류의 치즈로 만든다. 구웠을 때는 그릴드 치즈 샌드위치라고 부른다.

치즈와 피클 샌드위치: 영국 요리, 슬라이스한 치즈(주로 체다 치즈)와 피클을 빵 두 조각 사이에 끼운 샌드위치이다.

치즈스테이크: 미국(펜실베이니아주 필라델피아) 요리, 얇게 썬 스테이크와 녹인 치즈를 롱롤에 올린다. 필라델피아 또는 필리치즈 스테이크로도 유명하다.

치킨 샌드위치: 닭고기를 끼워 넣은 샌드위치로 닭고기를 요리하는 방법은 다양하다. 미국에서는 구운 닭 가슴고기나 닭가슴살 프라이드 치킨 등이 사용된다.

치킨 샐러드 샌드위치: 건더기에 치킨 샐러드를 넣은 샌드위치이다.

치킨 커틀릿: 오스트레일리아 요리

병아리콩 샐러드 샌드위치: 미국 요리

칠리버거: 미국 요리, 퍼티에 칠리콘칸을 토핑한 햄버거이다.

칩바티: 영국 요리

칩드 비프: 미국 요리, 칩드 비프란 드라이드 비프의 일종으로 극박하게 썬 쇠고기를 조미해 건조하거나 훈연한 것으로 비프 재키와 비슷한데 이는 기본 소금 맛이다. 밀가루과 우유 또는 분유로 크림소스를 만들고 칩드 비프를 넣어 끓인 음식이다. 이것을 토스트나 레이션 비스킷에 얹어 먹는다. 건조 식재료만으로 간단히 만들 수 있어 전투식으로서 적합하다.

치비트: 우루과이 요리, 필레미뇽과 모차렐라 치즈와 토마토와 베이컨과 올리브(그린 또는 블랙) 완숙란(또는 달걀 프라이)과 햄을 재료로 하고 마요네즈로 간을 한 샌드위치이다.

초리팡: 남아메리카 요리, 카리브요리를 구워 살사계 조미료(예: 페브레, 살사 크리오야, 치미추리)로 양념한 초리소를 단단한 껍질 빵에 끼운 샌드위치이다. 파생형으로서 초리소 대신 블랙푸딩이나 블러드 소시지를 이용한 무르시판(Morcipán)이 있다.

차멘 샌드위치: 미국 요리, 햄버거용 번스에 그레이비 소스로 양념한 볶음면을 끼운 샌드위치이다.

슈하스코: 칠레 요리, 두툼하게 썬 스테이크를 토스트한 번스에 끼운 것. 고기 이외의 재료를 이용한 경우는 '슈하스코 · ○○'가 된다(예: churrasco palta: 아보카도 슈하스코).

아메리칸 클럽하우스 샌드: 미국 요리, 3겹의 샌드위치로 슬라이스한 치킨(또는 칠면조)과 베이컨과 토마토와 양상추를 끼운 것으로 양념에 마요네즈를 자주 이용한다.

콘비프 샌드위치: 콘비프를 재료로 한 샌드위치의 총칭으로 피클이나 겨자를 토핑으로 사용한다.

크리스프 샌드위치: 영국 요리, 흰 빵에 크리스프(때로는 피클도 넣음)를 끼운 샌드위치이다.

크로크무슈: 프랑스 요리, 햄과 치즈(일반적으로 에멘탈 치즈나 그뤼예르 치즈)를 넣어 구운 샌드위치이다. 베샤멜 소스나 모르네 소스를 바르기도 한다.

클락 마담: 프랑스 요리, 크로크무슈와 같으나 위에 달걀 프라이를 올린다.

쿠바 샌드위치: 미국(플로리다주 탬파) 요리, 쿠바 햄과 로스트 포크, 스위스 치즈와 오이 피클을 큐번빵에 끼워 겨자로 맛을 낸 후 플란차라는 샌드위치 프레스로 구워낸 샌드위치. 일부 지역에서는 제노아 살라미가 이용되는 경우가 있다.

오이 샌드위치: 영국 요리, 껍질을 잘라 버터를 살짝 바른 화이트 빵에 껍질을 벗겨 종이처럼 얇게 썬 오이를 끼운 것이다.

쿠디기: 이탈리아 요리, 매콤하게 양념한 이탈리안 소시지를 모차렐라 치즈와 토마토와 함께 길고 딱딱한 빵에 끼운 샌드위치이다. 미시간주 어퍼반도 인근으로 이주한 이탈리아계 이민자에 의해 미국으로 번졌다.

대그우드 샌드위치: 미국 요리, 여러 가지 고기와 양념을 넣어 겹겹이 쌓은 샌드위치로 만화 '블론디'에 나오는 주인공의 이름 '대그우드 범스테드'에서 따왔다.

델리 샌드위치: 델리카 테센을 사이에 둔 샌드위치로 다양한 속 재료로 구성된다.

덴버 샌드위치: 미국 요리, 덴버 오믈렛(영어판)을 사이에 둔 샌드위치이다.

도네르케바브: 터키 요리

驢육불구이: 중국 요리

복식: 트리니다드토바고

다이너마이트: 미국(로드아일랜드주 운소켓) 요리, 다진 고기와 토마토 소스, 양파와 후추로 맛을 낸 샌드위치. 가족의 회합이나 자금 조달 파티 등에서 대량으로 만드는 일이 많다.

뒤를렌겐스 나트마드: 덴마크 요리, '수의사의 야식'이라는 뜻으로 검은 호밀빵에 레버페이스트를 바르고 소금에 절인 소고기나 아스픽을 끼운 음식이다. 토핑으로 생양파를 둥글게 자른 것이나 크레송이 이용된다.

샌드위치 어떻게 조립해야 하나, 나카다 유이 저, 용동희 역, 그린쿡, 2014

샌드위치의 기초=Sandwich, 최현정, 맛있는 책방, 2018

오늘의 런치, 바람의 베이컨 샌드위치, 시바타 요시키, 예담: 위즈덤하우스, 2016

카페 Salad 메뉴 101: 더 맛있는 이유가 뭘까? 이재훈, 수작걸다, 2019

식빵을 맛있게 먹는 99가지 방법, 이케다 히로아키, 진선북스, 2018

(카페 브런치를 위한) 빵과 빵요리=Cooking with bread, 정홍연, 비앤씨월드, 2016

가벼운 샌드위치, 따뜻한 수프, 문인영, 백도씨, 2016

오늘은 샌드위치(Today is sandwich day), 안영숙, 리스컴, 2016

프렌치 토스트&핫 샌드위치, 미나구치 나호코, 리스컴, 2015

샌드위치가 필요한 모든 순간 나만의 브런치가 완성되는 순간, 지은경, 배합팩토리, 2013

샌드위치(Sandwich), 월간 파티시에, 비앤씨월드, 2009

샌드위치 만들기(Sandwich), 전도근, 크라운, 2003

The Book of sandwiches: 108가지 샌드위치 만들기, 주종찬, 훈민사, 2002

김밥 주먹밥 샌드위치, 최승주, 리스컴, 2003

브런치 타임, 심가영, 더테이블, 2020

브런치(one plate 밴쿠버 가정식), 정성숙, 라임북스(Limebooks), 2018

우아하게, 홈브런치(예쁘게 차린 식탁이 맛있다), 문주연, 미호, 2018

마이 브런치(나의 첫 브런치 배합), 이송희, 버튼북스, 2016

잇 스타일 브런치(최고의 브런치 카페에서 추천한 인기 메뉴 57가지), 편집부, 리스컴, 2010

한입에 브런치, 박건영(요리연구가), 김봉경 외 2명, 수작걸다, 2016

창업을 위한 카페브런치&이태리요리 전문가, 한국식음료외식조리교육협회, 백산출판사, 2019

브런치&샌드위치 40가지(빵과 자연의 어울림), 김보선, 살림LIFE, 2009

サンドイッチ・メニュー, 土肥大介, 柴田書店, 2015

最新のサンドイッチ, 山口陽子, 旭屋出版, 2005

저·자·소·개

신 길 만

신길만은 현재 김포대학교 호텔제과제빵과 교수로 재직 중이다. 경기대학교 대학원 경영학 석사, 조선대학교 일반대학원에서 이학박사 학위를 취득하고 일본 동경빵아카데미, 동경제과학교를 졸업하였다. 주요 경력으로는 초당대학교, 전남도립대학교, 순천대학교, 광주대학교, 미국 캔자스주립대학 연구교수를 지냈으며, 동경제과학교에서 교직원으로 학생들을 가르쳤다.
저서로는 일본어 회화, 제과제빵 일본어 회화, 제빵이론, 제과이론, 디저트 실습, 베이커리 카페 창업론 등 60여 권을 집필하였다.
현재는 한국조리학회 부회장, 김포시 어린이급식관리지원센터장, 김포발전연구원 원장 등으로 사회활동을 하고 있다.

김 미 자

김미자는 서울문화예술대학교 교수, 대외협력처장으로 근무하고 있다. 경기대학교 대학원에서 석사, 박사과정을 졸업하여 경영학 박사 학위를 취득하였다.
주요 경력으로는 (사)한국웰니스산업협회 회장, 한국관광연구학회, 한국외식경영학회, 한국조리학회 학술부회장으로 활동하고 있다.
제20대 대통령직인수위 자문위원, 민주평화통일 자문위원, 국가원로회의 정책자문위원, 세계한상지도자대회 상임이사, 디지털미래교육 특별위원장, 관광전략통합 특별위원장, 서울YWCA 이사, 국가식품클러스터 자문위원, 한국도로공사 자문위원을 맡고 있다.
사회부총리 겸 교육부장관, 문화체육부장관, 농식품부장관 표창 등을 수상하였다.

김 규 태

김규태는 호원대학교 외식조리학과와 한성대학원 호텔관광외식경영학과를 졸업하고 경영학 석사 학위를 취득하였다. 경력으로는 (주)황제에프앤비와 예담채 대표로 재직중이며, 대한민국 치킨 명인 1호, 프랜차이즈 회사(12년), 해외근무(7년), 맛컨설팅 프랜차이즈 회사(12년), 한국창업 아카데미소장, (주)큰들식품, 일본동경 야끼니꾸에서 근무하였다.
요리대회 경력으로는 대만 국제요리대회 금상, 한국음식문화원 요리대회 대상, 대한민국 향토문화 요리대회 대상, WAS 세계 영쉐프 요리대전 라이브부문 수상, 농림부, 수산부, MBC 주관 요리대전 특별상 등 다수의 상을 받았다.
자격으로는 한식조리기능사, 김치조리, 메뉴개발, 외식전문가(FAM), 미국호텔학교 교사, Serv Safe 식품안전 관리사, 식품위생 관리사 등 자격증을 획득하였다.

저·자·소·개

신 솔

신솔은 일본 동경에서 출생하여, 미국 캔자스주 맨해튼고등학교(Manhattan High School), 중국 상해 신중고등학교 등에서 수학하였다.
국립순천대학교 영어교육과, 조리교육과를 졸업하였으며 경희대학교 대학원 조리식품외식경영학과를 졸업하여 경영학 석사를 취득하였으며, 연구조교로 근무하였다. 호남대학교 일반대학원에서 박사과정을 수료하였다.

이 지 은

이지은은 서울에서 출생하여, 서울대학교 식품영양학과를 졸업하고, 경희대학교 대학원에서 외식조리경영학과를 졸업하여 경영학 석사를 취득하였으며. 르꼬르동 블루를 수료하였다.
현재 강림직업전문학교 교사로 재직 중이며, 오드리 제빵소를 창업하여 대표를 맡고 있다.
직업훈련교사, 식품기사, 영양사, 위생사, 제빵기능사, 제과기능사, 유기농업기능사, 식품가공기능사, 바리스타, SCA 등 자격증을 취득하였다.

신 욱

신욱은 일본 동경에서 출생하여, 미국 캔자스주 맨해튼고등학교(Manhattan High School), 중국 상해 신중고등학교 등에서 수학하였다.
중국 상해중의학대학교를 졸업하였으며 동신대학교 대학원 한의과를 졸업하여, 한의학 석사 학위를 취득하였다. 현재 경희대학교 대학원 한의과 박사과정에 재학 중이며 중의사 자격을 취득하였다.

저자와의
합의하에
인지첩부
생략

브런치카페 & 샌드위치

2023년 1월 5일 초판 1쇄 인쇄
2023년 1월 10일 초판 1쇄 발행

지은이 신길만 · 김미자 · 김규태 · 신솔 · 이지은 · 신욱
펴낸이 진욱상
펴낸곳 백산출판사
교 정 박시내
본문디자인 오행복
표지디자인 오정은

등 록 1974년 1월 9일 제406-1974-000001호
주 소 경기도 파주시 회동길 370(백산빌딩 3층)
전 화 02-914-1621(代)
팩 스 031-955-9911
이메일 edit@ibaeksan.kr
홈페이지 www.ibaeksan.kr

ISBN 979-11-6639-194-1 93590
값 15,000원